高等职业教育课程改革系列教材
江苏高校品牌专业建设工程资助项目

LTE组网与维护

主　编　孙秀英
副主编　于正永
参　编　许鹏飞　丁胜高
　　　　王　湘　屠　海

机 械 工 业 出 版 社

本书详细介绍了LTE组网与维护相关技术理论、硬件设备、数据配置和故障维护与处理等内容，教材内容设计为5个模块，共5章。其中，第1章是LTE技术基础，第2章是LTE空中接口物理层，第3章是eNodeB基站设备，第4章是DBS 3900单站数据配置，第5章是例行维护与故障处理。本书注重实践操作训练，配有LTE组网与维护案例、技术理论阐述、设备插图和原理框图，增加了附录部分（包括模拟试题和4个训练项目），方便教师实践教学，帮助学生对基站数据配置理解和学习。

本书可作为高职高专或本科通信技术、移动通信技术、通信工程施工等专业的授课教材，也可作为电信机务员的岗前培训教材和LTE基站建设工程技术人员的学习参考用书。

为方便教学，本书有电子课件、课后习题答案、模拟试卷及答案、二维码视频等，凡选用本书作为授课教材的学校，均可通过电话（010-88379564）或QQ（3045474130）索取。

图书在版编目（CIP）数据

LTE组网与维护/孙秀英主编．—北京：机械工业出版社，2017.8（2023.7重印）
高等职业教育课程改革系列教材
ISBN 978-7-111-58852-8

Ⅰ.①L…　Ⅱ.①孙…　Ⅲ.①无线电通信-移动网-高等职业教育-教材　Ⅳ.①TN929.5

中国版本图书馆CIP数据核字（2018）第110070号

机械工业出版社（北京市百万庄大街22号　邮政编码100037）
策划编辑：曲世海　　责任编辑：曲世海
责任校对：王　欣　张　薇　封面设计：陈　沛
责任印制：孙　炜
北京中科印刷有限公司印刷
2023年7月第1版第3次印刷
184mm×260mm · 10.5印张 · 256千字
标准书号：ISBN 978-7-111-58852-8
定价：32.00元

电话服务　　网络服务
客服电话：010-88361066　　机　工　官　网：www.cmpbook.com
010-88379833　　机　工　官　博：weibo.com/cmp1952
010-68326294　　金　书　网：www.golden-book.com
封底无防伪标均为盗版　　机工教育服务网：www.cmpedu.com

前　言

移动通信技术经历了第一代、第二代、第三代和LTE技术的发展演进，随着LTE的不断商用，移动基站建设规模的不断壮大，eNodeB的组网维护工作越来越重要。本书全面介绍了LTE组网维护相关技术理论及实务。本书编写团队承担了中央财政支持的“通信技术”国家重点专业建设项目和江苏省品牌专业建设项目，积累了丰富的课程建设和教材开发经验，教材内容在专业建设过程中得到不断完善，本书和已出版的《GSM移动通信系统与维护》《3G移动通信接入网运行维护》及《WCDMA无线网络规划与优化》等教材构成了移动通信接入网技术核心知识，形成了完善的移动通信技术专业课程体系。

本书编排结构清晰，包含大量的设备结构图和关键技术模型图，将抽象的原理形象化，将复杂技术简单化，使书中内容通俗易懂，并配有习题。

教材使用时，建议授课课时为60学时。

本书由2013年全国职业院校技能大赛“LTE组网与应用”冠军指导教师团队编写，由孙秀英任主编，于正永任副主编，许鹏飞、丁胜高、王湘和屠海参加编写。本书的编写得到了华为技术有限公司等相关合作企业的大力支持，在这里一并表示诚挚的谢意！对于书中疏漏及不当之处，恳请广大读者批评指正。

编　者

目　　录

第 1 章　LTE 技术基础

1.1　LTE 概述

1.1.1　3GPP 介绍与 LTE 产生

3GPP 成立于 1998 年 12 月，欧洲 ETSI、美国 TIA、日本 TTC、ARIB、韩国 TTA 以及我国 CCSA 作为 3GPP 的 6 个组织伙伴（OP），3GPP 组织致力于实现由 2G 技术到 3G 技术的平滑过渡，保证未来技术的后向兼容性，支持轻松建网及系统间的漫游和兼容性。

移动通信从 2G、3G 到 LTE 的发展过程，是从低速语音业务到高速多媒体业务发展的过程。3GPP 从 R99 开始，制定基于 CDMA 技术的 3G 标准，包括业界经常提到的 HSDPA、HSUPA 和 HSPA + 等，3GPP 版本演进历程如图 1-1 所示。

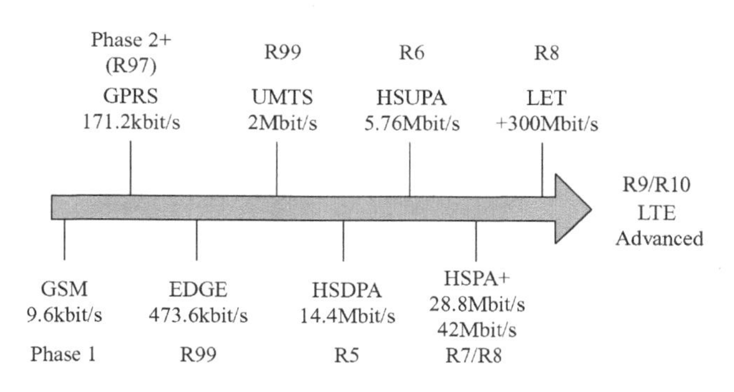

图 1-1　3GPP 版本演进历程

LTE 标准主要在 3GPP 定义，由无线 LTE 系列标准和核心网 EPC 系列标准共同组成。3GPP R8 是 LTE 的第一个版本，开始采用 OFDMA 技术，在 2009 年 3 月冻结，此协议的完成能够满足 LTE 系统首次商用的基本功能。R8 工作结束时，有些还未完成的工作延续到 R9，2010 年 3 月 R9 版本冻结。3GPP 提交给 ITU 的是 R10 版本，也称为 LTE - Advanced，是 4G 的候选标准。无线通信技术发展和演进过程如图 1-2 所示。

1.1.2　LTE 系统特性

3GPP 从“系统性能要求”“网络的部署场景”“网络架构”“业务支持能力”等方面对 LTE 进行了详细的描述。与 3G 相比，LTE 具有如下技术特征：

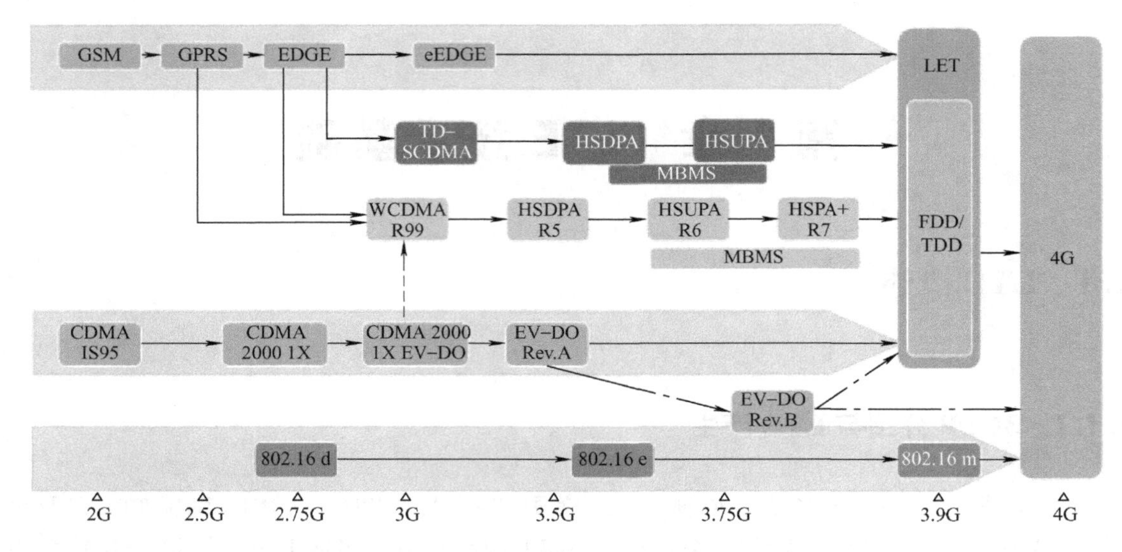

图 1-2　无线通信技术发展和演进图

1）通信速率有了提高，下行峰值速率为 100Mbit/s，上行为 50Mbit/s。下行链路的瞬时峰值数据速率在 20MHz 下行链路频谱分配的条件下，可以达到 100Mbit/s（网络侧 2 发射天线，UE 侧 2 接收天线条件下）；上行链路的瞬时峰值数据速率在 20MHz 上行链路频谱分配的条件下，可以达到 50Mbit/s（UE 侧 1 发射天线情况下）。宽频带、MIMO、高阶调制技术都是提高峰值数据速率的关键所在。

2）提高了频谱效率，下行链路频谱效率为 5(bit/s)/Hz，3～4 倍于 R6 版本的 HSDPA；上行链路频谱效率为 2.5(bit/s)/Hz，是 R6 版本 HSUPA 的 2～3 倍。

3）支持高移动性，能够在最高 350km/h 的移动速度（在某些频段甚至应该支持 500km/h）下保持用户和网络的连接。

4）系统部署灵活，能够支持 1.25～20MHz 间的多种系统带宽，包括 1.4 MHz、3 MHz、5 MHz、10 MHz、15 MHz 以及 20 MHz，并支持“成对”和“非成对”的频谱分配，保证了将来在系统部署上的灵活性。E－UTRA 的频谱划分如表 1-1 所示。

表 1-1　E－UTRA 频谱资源划分

E－UTRA 频段	上行（UL）频段 BS 接收、UE 发送	下行（DL）频段 BS 发送、UE 接收	双工模式
	f_{UL_low} ~ f_{UL_high}	f_{DL_low} ~ f_{DL_high}	
1	1920～1980MHz	2110～2170MHz	FDD
2	1850～1910 MHz	1930～1990MHz	FDD
3	1710～1785MHz	1805～1880MHz	FDD
4	1710～1755MHz	2110～2155MHz	FDD
5	824～849MHz	869～894MHz	FDD
6	830～840 MHz	875～885MHz	FDD
7	2500～2570MHz	2620～2690MHz	FDD
8	880～915MHz	925～960MHz	FDD

（续）

E－UTRA 频段	上行（UL）频段 BS 接收、UE 发送	下行（DL）频段 BS 发送、UE 接收	双工模式
	f_{UL_low} ~f_{UL_high}	f_{DL_low} ~f_{DL_high}	
9	1749.9～1784.9MHz	1844.9～1879.9MHz	FDD
10	1710～1770MHz	2110～2170MHz	FDD
11	1427.9～1447.9MHz	1475.9～1495.9MHz	FDD
12	699～716MHz	729～746MHz	FDD
13	777～787MHz	746～756MHz	FDD
14	788～798MHz	758～768MHz	FDD
15	保留	保留	FDD
16	保留	保留	FDD
17	704～716MHz	734～746MHz	FDD
18	815～830MHz	860～875MHz	FDD
19	830～845MHz	875～890MHz	FDD
20	832～862MHz	791～821MHz	FDD
21	1447.9～1462.9MHz	1495.9～1510.9MHz	FDD
22	3410～3490MHz	3510～3590MHz	FDD
23	2000～2020MHz	2180～2200MHz	FDD
24	1626.5～1660.5MHz	1525～1559MHz	FDD
25	1850～1915MHz	1930～1995MHz	FDD
…			
33	1900～1920MHz	1900～1920MHz	TDD
34	2010～2025MHz	2010～2025MHz	TDD
35	1850～1910MHz	1850～1910MHz	TDD
36	1930～1990MHz	1930～1990MHz	TDD
37	1910～1930MHz	1910～1930MHz	TDD
38	2570～2620MHz	2570～2620MHz	TDD
39	1880～1920MHz	1880～1920MHz	TDD
40	2300～2400MHz	2300～2400MHz	TDD
41	2496～2690MHz	2496～2690MHz	TDD
42	3400～3600MHz	3400～3600MHz	TDD
43	3600～3800MHz	3600～3800MHz	TDD

5）降低无线网络时延：用户面＜5ms，控制面＜100ms。

6）以分组域业务为主要目标，系统在整体架构上将基于分组交换。

7）减小 CAPEX 和 OPEX，体系结构的扁平化和中间节点的减少使得设备成本和维护成本得以显著降低。

8）增加了小区边界比特速率，在保持目前基站位置不变的情况下增加小区边界比特速率，如 MBMS（多媒体广播和组播业务）在小区边界可提供 1（bit/s）/Hz 的数据速率。

总体来说，LTE 系统特性可用“三高、两低、一平”来概括，这样的系统特性使得 LTE 网络结构设计更加简单，业务传输方式更加统一，组网更加灵活，整体性能更加高效。

1.2 LTE 总体架构

1.2.1 系统结构

LTE 采用了与 2G、3G 均不同的空中接口技术，即基于 OFDM 技术的空中接口技术，并对传统 3G 的网络架构进行了优化，采用扁平化的网络架构，即接入网 E－UTRAN 不再包含 RNC，仅包含节点 eNodeB，提供E－UTRA用户面 PDCP/RLC/MAC/物理层协议的功能和控制面 RRC 协议的功能。LTE 的系统结构如图 1-3 所示。

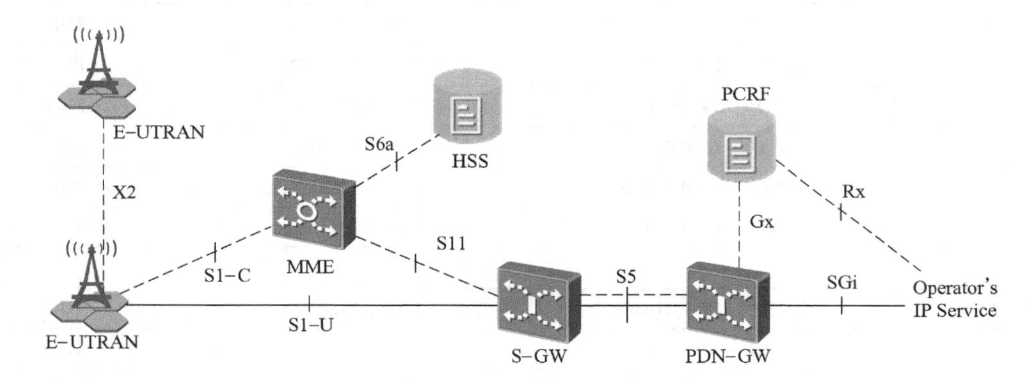

图 1-3　LTE 系统结构图

eNodeB 之间由 X2 接口互连，每个 eNodeB 又和演进型分组核心网 EPC 通过 S1 接口相连。S1 接口的用户面终止在服务网关 S－GW 上，S1 接口的控制面终止在移动性管理实体 MME 上。控制面和用户面的另一端终止在 eNodeB 上。图 1-3 中各网元节点的功能划分如下：

（1）eNodeB 功能

LTE 的 eNodeB 除了具有原来 NodeB 的功能之外，还承担了原来 RNC 的大部分功能，包括物理层功能、MAC 层功能（包括 HARQ）、RLC 层功能（包括 ARQ 功能）、PDCP 功能、RRC 功能（包括无线资源控制功能）、调度、无线接入许可控制、接入移动性管理以及小区间的无线资源管理功能等。具体包括：

- 无线资源管理：无线承载控制、无线接纳控制、连接移动性控制、上下行链路的动态资源分配（即调度）等功能。
- IP 头压缩和用户数据流的加密。
- 当从提供给 UE 的信息无法获知到 MME 的路由信息时，选择 UE 附着的 MME。
- 路由用户面数据到 S－GW。

- 调度和传输从 MME 发起的寻呼消息。
- 调度和传输从 MME 或 O&M 发起的广播信息。
- 用于移动性和调度的测量以及测量上报的配置。
- 调度和传输从 MME 发起的 ETWS（即地震和海啸预警系统）消息。

（2）MME 功能

- MME 是 SAE 的控制核心，主要负责用户接入控制、业务承载控制、寻呼、切换控制等控制信令的处理。
- MME 功能与网关功能分离，这种控制平面/用户平面分离的架构，有助于网络部署、单个技术的演进以及全面灵活的扩容。
- NAS 信令。
- NAS 信令安全。
- AS 安全控制。
- 3GPP 无线网络的网间移动信令。
- idle 状态 UE 的可达性（包括寻呼信号重传的控制和执行）。
- 跟踪区列表管理。
- PDN－GW 和 S－GW 的选择。
- 切换中需要改变 MME 时的 MME 选择。
- 切换到 2G 或 3GPP 网络时的 SGSN 选择。
- 漫游。
- 鉴权。
- 包括专用承载建立的承载管理功能。
- 支持 ETWS 信号传输。

（3）S－GW 功能

- S－GW 作为本地基站切换时的锚点，主要负责以下功能：在基站和公共数据网关之间传输数据信息；为下行数据包提供缓存；基于用户的计费等。
- eNodeB 间切换时，作为本地的移动性锚点。
- 作为 3GPP 系统间的移动性锚点。
- E－UTRAN idle 状态下，下行包缓冲功能以及网络触发业务请求过程的初始化。
- 合法侦听。
- 包路由和前转。
- 上、下行传输层包标记。
- 运营商间的计费时，基于用户和 QCI 粒度统计。
- 分别以 UE、PDN、QCI 为单位的上下行计费。

（4）PDN 网关（PDN－GW）功能

- 公共数据网关 PDN－GW 作为数据承载的锚点，提供以下功能：包转发、包解析、合法监听、基于业务的计费、业务的 QoS 控制，以及负责和非 3GPP 网络间的互联等。
- 基于每个用户的包过滤（例如借助深度包探测方法）。
- 合法侦听。
- UE 的 IP 地址分配。

- 下行传输层包标记。
- 上下行业务级计费、门控和速率控制。
- 基于聚合最大比特速率（AMBR）的下行速率控制。

从图 1-3 中可见，新的 LTE 架构中，没有了原有的 Iu、Iub 以及 Iur 接口，取而代之的是新接口 S1 和 X2。E－UTRAN 和 EPC 之间的功能划分图如图 1-4 所示，可以从 LTE 在 S1 接口的协议栈结构图来描述，如图所示白色框内为逻辑节点，浅色框内为控制面功能实体，深色框内为无线协议层。

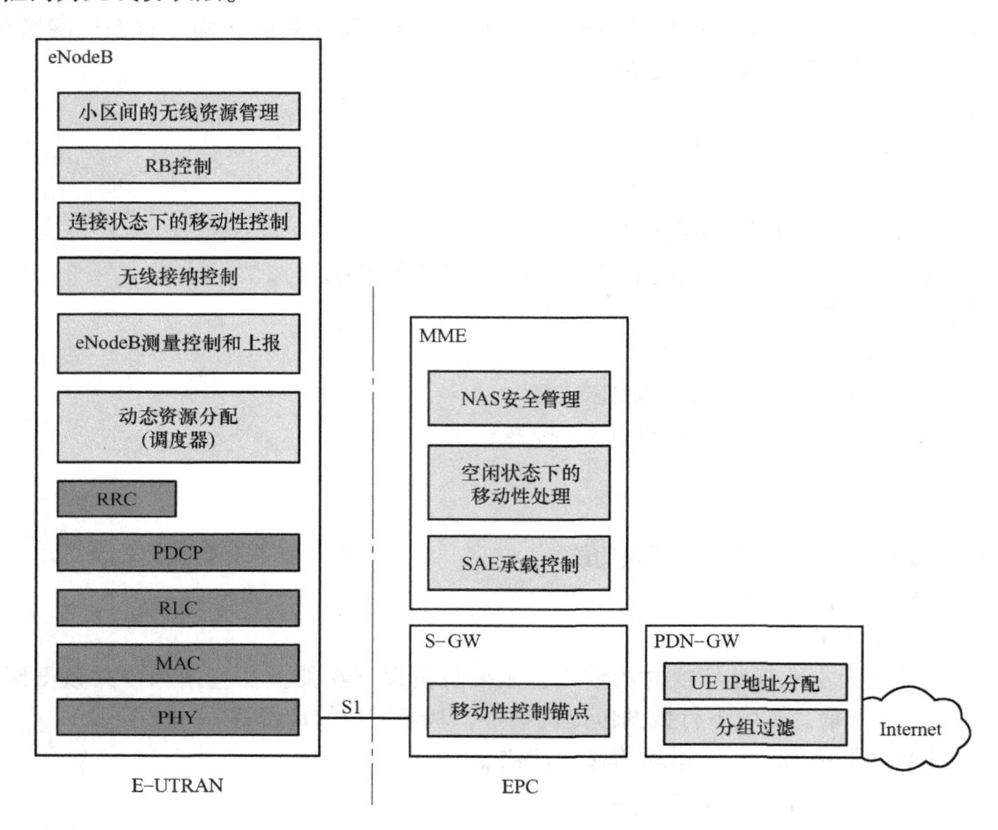

图 1-4　E－UTRAN 和 EPC 之间的功能划分

1.2.2　无线协议结构

1. 控制面协议结构

控制面协议栈结构如图 1-5 所示。

PDCP 在网络侧终止于 eNodeB，需要完成控制面的加密、完整性保护等功能。RLC 和 MAC 在网络侧终止于 eNodeB，在用户面和控制面执行功能没有区别。RRC 在网络侧终止于 eNodeB，主要实现广播、寻呼、RRC 连接管理、RB 控制、移动性功能、UE 的测量上报和控制功能。NAS 控制协议在网络侧终止于 MME，主要实现 EPS 承载管理、鉴权、ECM（EPS 连接性管理）idle 状态下的移动性处理、ECM idle 状态下发起寻呼、安全控制功能。

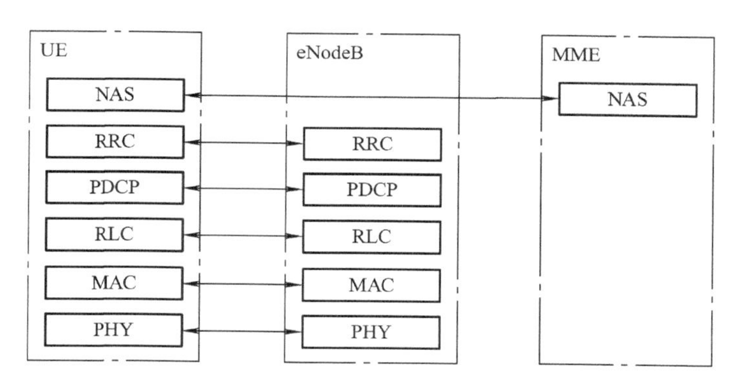

图 1-5 控制面协议栈结构

2. 用户面协议结构

用户面协议栈结构如图 1-6 所示。

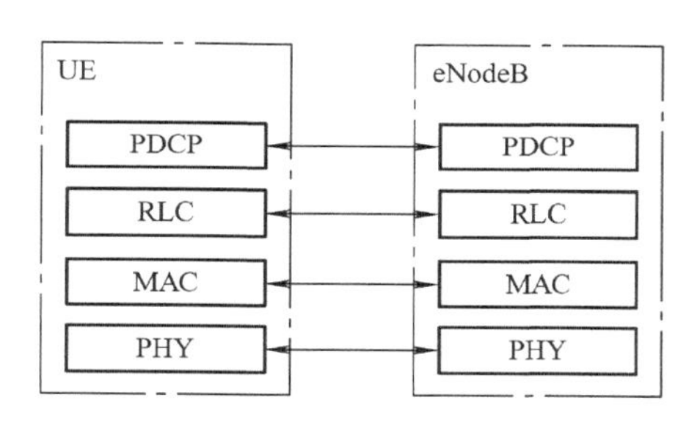

图 1-6 用户面协议栈结构

用户面 PDCP、RLC、MAC 在网络侧均终止于 eNodeB，主要实现头压缩、加密、调度、ARQ 和 HARQ 功能。

1.2.3 S1 和 X2 接口

与 2G、3G 都不同，S1 和 X2 均是 LTE 新增的接口。

1. S1 接口

S1 接口定义为 E－UTRAN 和 EPC 之间的接口。S1 接口包括两部分：控制面 S1－MME 接口和用户面 S1－U 接口。S1－MME 接口定义为 eNodeB 和 MME 之间的接口；S1－U 定义为 eNodeB 和 S－GW 之间的接口。图 1-7 和图 1-8 分别为 S1－MME 和 S1－U 接口的协议栈结构。

S1 接口支持的功能包括：

- E－RAB 的建立、修改和释放。
- UE 在 ECM－CONNECTED 状态下的移动性功能。
- LTE 系统内切换与 3GPP 系统间切换。

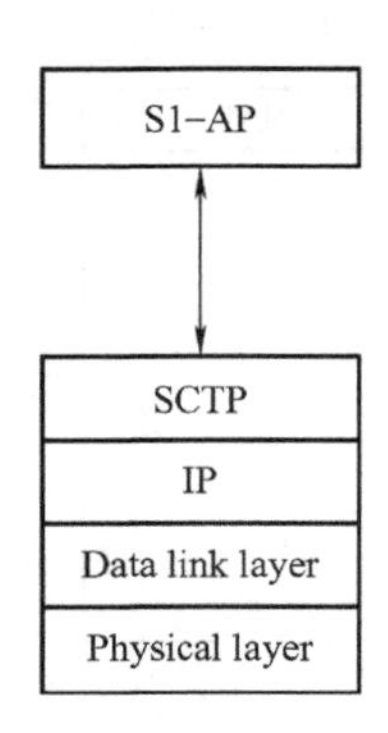

图 1-7 S1 接口控制面（eNodeB - MME）

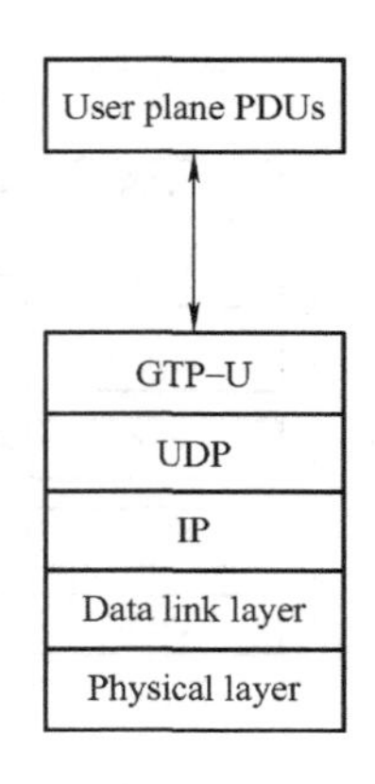

图 1-8 S1 接口用户面（eNodeB - S - GW）

- S1 寻呼功能。
- NAS 信令传输功能。
- S1 接口管理功能：错误指示、复位。
- 网络共享功能。
- 漫游和区域限制支持功能。
- NAS 节点选择功能。
- 初始上下文建立功能。
- UE 上下文修改功能。
- MME 负载均衡功能。
- 位置上报功能。
- ETWS 消息传输功能。
- 过载功能。
- RAN 信息管理功能。

S1 接口的信令过程包括：

- E - RAB 信令过程。
- 切换信令过程。
- 寻呼过程。
- NAS 传输过程。
- 错误指示过程。
- 初始上下文建立过程。
- UE 上下文修改过程。
- S1 建立过程。
- eNodeB 配置更新过程。
- MME 配置更新过程。
- 位置上报过程。
- 过载启动过程。
- 过载停止过程。

- 写置换预警过程。
- 直传信息转移过程。
- 复位过程。

图 1-9 所示为一个寻呼消息的传输过程示例。

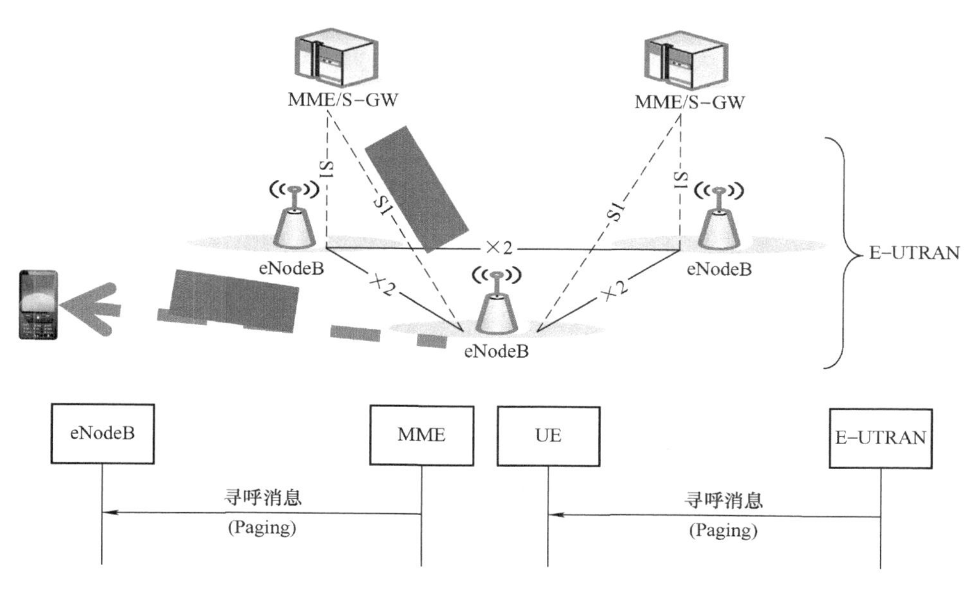

图 1-9 寻呼消息的传输过程

S1 接口和 X2 接口类似的地方是：S1 - U 和 X2 - U 使用同样的用户面协议，以便于 eNodeB 在数据反传（Data Forward）时，减少协议处理。

2. X2 接口

X2 接口定义为各个 eNodeB 之间的接口。X2 接口包含 X2 - CP 和 X2 - U 两部分，X2 - CP 是各个 eNodeB 之间的控制面接口，X2 - U 是各个 eNodeB 之间的用户面接口。图 1-10 和图 1-11 所示分别为 X2 - CP 和 X2 - U 接口的协议栈结构。

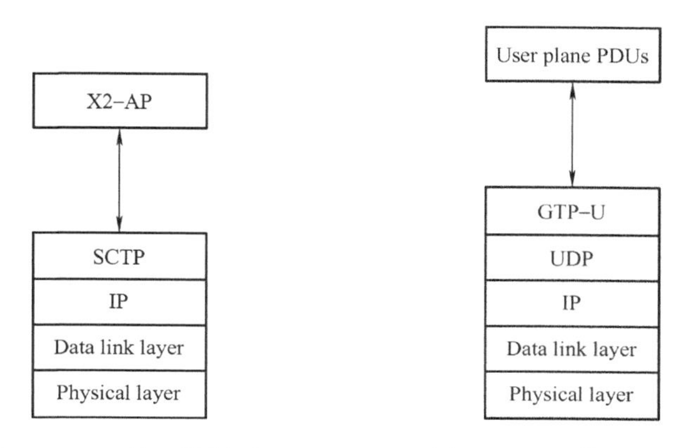

图 1-10 X2 接口控制面

图 1-11 X2 接口用户面

X2 - CP 支持以下功能：

- UE 在 ECM - CONNECTED 状态下 LTE 系统内的移动性支持。
- 负载管理。
- X2 接口管理和错误处理功能。

小区间负载管理通过 X2 接口来实现。LOAD INDICATOR 消息用于 eNodeB 间的负载状态通信，如图 1-12 所示。

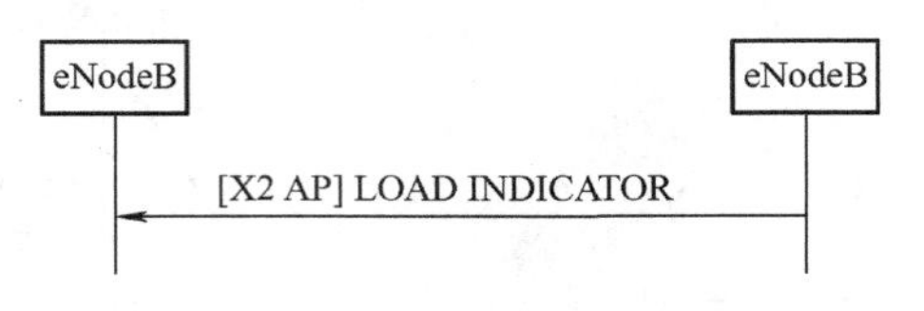

图 1-12　X2 接口 LOAD INDICATOR 消息

1.3　LTE 关键技术

1.3.1　双工与多址技术

双工技术主要用来区分上行、下行信号，蜂窝系统可以设计工作在两种主要的双工方式下，即频分双工（Frequency Division Duplex，FDD）和时分双工（Time Division Duplex，TDD）方式。

- 频分双工

FDD 的概念如图 1-13 所示。上行和下行用不同的频率分离，这使得设备（假设设备提供双工器）可以同时发送和接收数据。上行和下行载波之间的间隔称为双工间隔。

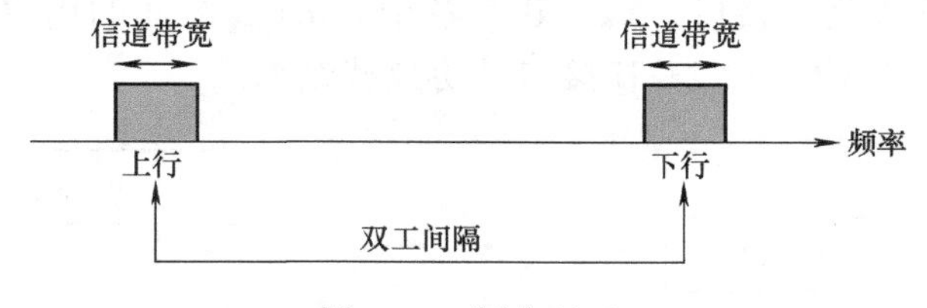

图 1-13　频分双工

通常，上行载波移动设备发射的频率较低。这样做的目的是因为高频率要比低频率受到衰减的影响大，因此这允许手机使用更低的发射功率，从而降低手机复杂度及成本。

某些系统也提供了半双工 FDD 方式，该方式使用了两个频率。但是移动设备只能发射或接收，即不能同时发射和接收。由于不要求双工滤波器，因此这种方式可以降低移动设备的复杂性。

- 时分双工

如图 1-14 所示，TDD 方式通过单频段和时分复用上下行信号实现了全双工运行。TDD

的一个优势就是它能够提供非对称上下行分配。TDD 的其他优点还包括动态资源分配、频谱效率提升以及改进波束赋形技术的使用（这是因为上下行频率特性相同）。

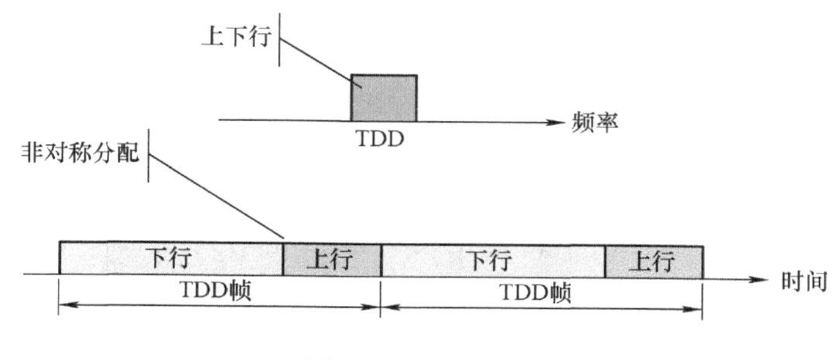

图 1-14　时分双工

LTE 系统支持 FDD、TDD 两种双工方式。

LTE 采用 OFDMA（Orthogonal Frequency Division Multiple Access，正交频分多址）作为下行多址方式，OFDM 调制如图 1-15 所示。

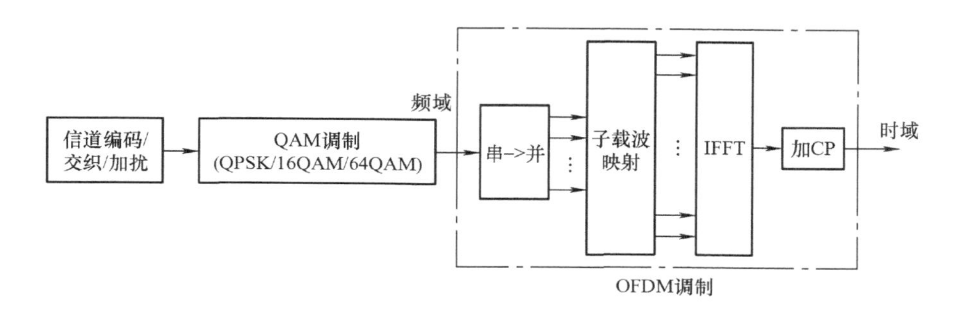

图 1-15　OFDM 调制

LTE 采用 DFT-S-OFDM（Discrete Fourier Transform Spread OFDM，离散傅立叶变换扩展 OFDM）或者称为 SC-FDMA（Single Carrier FDMA，单载波 FDMA）作为上行多址方式，如图 1-16 所示。

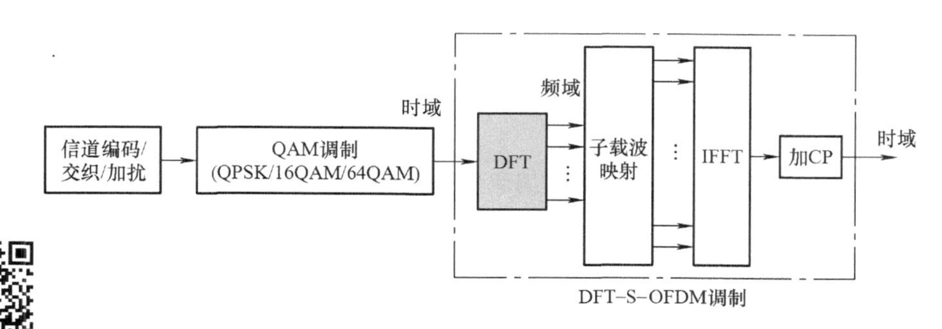

图 1-16　LTE 上行多址方式

1.3.2 OFDM

1. 基本原理

OFDM系统比传统的FDM系统要求的带宽要少得多，由于使用无干扰正交载波技术，单个载波间无需保护频带，这样使得可用频谱的使用效率更高。频分复用（Frequency Division Multiplexing，FDM）就是将用于传输信道的总带宽划分成若干个子频带（或称子信道），每一个子信道传输一路信号。频分复用要求总频率宽度大于各个子信道频率之和，同时为了保证各子信道中所传输的信号互不干扰，应在各子信道之间设立隔离带，这样就保证了各路信号互不干扰。频分复用技术的特点是所有子信道传输的信号以并行的方式工作，每一路信号传输时可不考虑传输时延，因而频分复用技术取得了非常广泛的应用。频分复用技术除传统意义上的频分复用（FDM）外，还有一种是正交频分复用（OFDM）。传统的频分复用典型的应用莫过于广电HFC网络电视信号的传输了，不管是模拟电视信号还是数字电视信号都是如此，因为对于数字电视信号而言，尽管在每一个频道（8MHz）以内是时分复用传输的，但各个频道之间仍然是以频分复用的方式传输的。

OFDM尽管还是一种频分复用（FDM），但已完全不同于过去的FDM。OFDM的接收机实际上是通过FFT实现的一组解调器。它将不同载波搬移至零频，然后在一个码元周期内积分，其他载波信号由于与所积分的信号正交，因此不会对信息的提取产生影响。OFDM的数据传输速率也与子载波的数量有关，如图1-17所示。

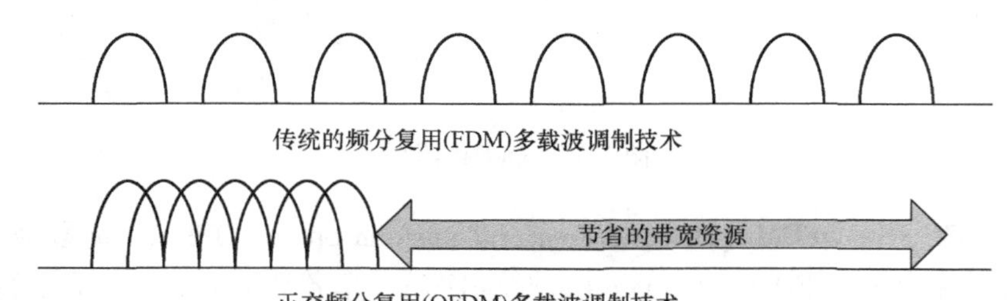

图1-17　FDM与OFDM频谱利用的比较

OFDM（Orthogonal Frequency Division Multiplexing）实际是一种多载波数字调制技术。OFDM全部载波频率有相等的频率间隔，它们是一个基本振荡频率的整数倍，正交指各个载波的信号频谱是正交的。

OFDM的基本原理是将高速信息数据编码后分配到并行的多个相互正交的载波上，每个载波上的调制速率变低，调制符号的持续间隔远大于信道的时间扩散，从而能够在具有较大失真和突发性脉冲干扰环境下对传输的数字信号提供有效的保护。OFDM对多径时延扩散不敏感，若信号占用带宽大于信道相干带宽，则多径效应使信号的某些频率分量增强，某些频率分量减弱。频率选择性衰落OFDM的频域编码和交织在分散并行的数据之间建立了联系，这样，由部分衰落或干扰而遭到破坏的数据，可以通过频率分量增强部分的接收数据得以恢复，即实现频率分集。

OFDM 是一种无线环境下的高速传输技术。无线信道的频率响应曲线大多是非平坦的，而 OFDM 技术的主要思想就是在频域内将给定信道分成许多正交子信道，在每个子信道上使用一个子载波进行调制，并且各子载波并行传输。这样，尽管总的信道是非平坦的，具有频率选择性，但是每个子信道是相对平坦的，在每个子信道上进行的是窄带传输，信号带宽小于信道的相应带宽，因此就可以大大消除信号波形间的干扰。由于在 OFDM 系统中各个子信道的载波相互正交，它们的频谱是相互重叠的，这样不但减小了子载波间的相互干扰，同时又提高了频谱利用率。

这种技术将无线通信传输信号分割成了多个子载波进行传输，而每个子载波仅仅携带了很小一部分的数据信息，OFDM 技术能够利用更长的符号周期，使通信传输信号不易受到多径传输的干扰或者其他外界的特殊干扰。当然，OFDM 技术除了通过分割载波的方法来增强通信的抗干扰外，它还通过提高载波频谱利用率的方法来提高通信的稳定性。

OFDM 技术比较突出的地方就是即使在较窄的带宽下也能够传输大量的数据。我国正在研发中的数字地面电视传输系统、高速无线 LAN（IEEE802 .11a）都采用这项新技术。OFDM 技术在窄带带宽下也能够发出大量的数据，能同时分开至少 1000 个数字信号。OFDM 技术还能够持续不断地监控传输介质上通信特性的突然变化，由于通信路径传送数据的能力会随时间发生变化，而 OFDM 能动态地与之相适应，接通和切断相应的载波以保证持续地进行通信；而且该技术可以自动地检测到传输介质下哪一个特定的载波存在高的信号衰减或干扰脉冲，然后采取合适的调制措施来使指定频率下的载波进行通信；在高层建筑物、居民密集和地理上突出的地方以及将信号撒播的地区，高速的数据传播都希望消除多径影响，因此 OFDM 技术也特别适合使用在这些地方。

当不需要很高的频带利用率时，最常用的并行传输系统使用频分复用（FDM）的调制方式，但这种方式信道的利用率也较低。为提高 FDM 的信道利用率，可将各子信道的频谱部分重叠，接收端用相关滤波器在码元期间接收相应的子信道信号，只要其他子信道信号与这个本地相关信号在码元期间正交即可排除其影响。为了使 N 路子信道信号在接收时能够完全分离，要求它们满足正交条件。在码元持续时间 T 内任意两个子载波都正交的条件是

$$\int_0^T \cos(2\pi f_k t + \varphi_k)\cos(2\pi f_i t + \varphi_i)\,\mathrm{d}t = 0$$

OFDM 所发送的信号就是由这样一组正交信号作为副载波，码元周期为 T 的不归零方波作为基带码型调制而成的。

传统的 FDM（频分复用）理论将带宽分成几个子信道同时发送数据，中间用保护频带来降低干扰。例如：有线电视系统和模拟无线广播等，接收机必须调谐到相应的频段。OFDM 系统框图如图 1-18 所示。

OFDM 还采用了功率控制和自适应调制相协调工作方式。信道好的时候，发射功率不变，可以增强调制方式（如 64QAM），或者在低调制方式（如 QPSK）时降低发射功率。功率控制与自适应调制要取得平衡。也就是说对于一个发射台，如果它有良好的信道，在发送功率保持不变的情况下，可使用较高的调制方案 64QAM；如果功率减小，调制方案也就可以相应降低，使用 QPSK 方式等。自适应调制要求系统必须对信道的性能有及时和精确的了

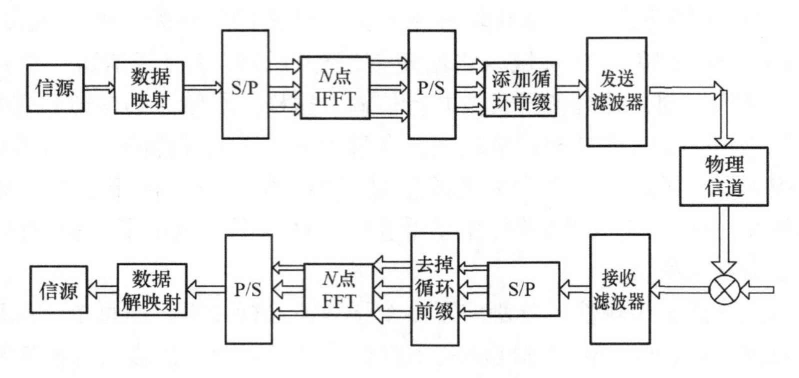

图 1-18　OFDM 系统框图

解，如果在差的信道上使用较强的调制方式，那么就会产生很高的误码率，影响系统的可用性。OFDM 系统可以用导频信号或参考码字来测试信道的好坏。发送一个已知数据的码字，测出每条信道的信噪比，根据这个信噪比来确定最适合的调制方式。

2. OFDM 系统的特点

OFDM 系统的优点如下：

1）OFDM 调制频带利用率高、抗脉冲噪声特性好，但要有数字信号处理器来提供高速数据服务，系统实现起来相对复杂；

2）能够应对随时可能出现的干扰信号，它可对使用多种频率方面存在的一些问题进行快速修正，并可以对那些在通信传输过程中遭到破坏的信号数据位进行自动重建；

3）通过在复数的高速射频上对传送的信号进行编码，让被传输的信号在传输过程中不容易被窃取，从而保证信号传送具有更高的安全性；

4）对传输线路上的多路径外界信号干涉有较强的抵抗力，它不仅可以克服信号传输的障碍，而且还能提高通信传输的速度，因此在一些恶劣环境中通信它将非常有吸引力；

5）每赫兹的带宽更高，这样无线系统的容量也就更大，而且它抗信号衰落性能更好，目前 OFDM 技术已经用在无线局域网环境中，在未来该技术能使无线通信速率达到 10Mbit/s 左右；

6）通过提供队列服务，解决了在移动传输高速数据时所引起的无线信道性能变差的问题，从而克服传输介质中外界信号的干扰，提高传输信道的通信质量；

7）既可用于移动的无线网络，也可以用于固定的无线网络，它通过在楼层、使用者、交通工具和现场之间的信号跳换，解决其中的信息冲突问题。

8）OFDM 系统由于各个子载波之间存在正交性，允许子信道的频谱相互重叠，因此 OFDM 系统可以最大限度地利用频谱资源。

9）由于 OFDM 技术具有在杂波干扰下传送信号的能力，因此常常会被利用在容易被干扰或者抵抗干扰能力较差的传输介质中，因此这种技术在未来将是非常有前途的，实际上，如果该技术能在大范围内被应用，它将比我们实际所想象的渗透力更强，它的优越性在于它能克服干涉造成的障碍。

OFDM 系统同样也存在一些不足之处，如下：

1）对频偏和相位噪声很敏感。发端和收端的上、下行转换器和调谐振荡器会带来相位噪声抖动频偏以及相位噪声会使子载波间的正交特性遭到破坏，仅 1% 的频偏就能使信噪比下降 30dB。

2）功率峰值与均值比大。由于 OFDM 信号是多个子载波调制信号的合成信号，对于含有 N 个调制信号的 OFDM 系统，若 N 个信号均以同相位求和，那么得到的峰值功率将是均值功率的 N 倍，即峰均比很大。这就要求发射功率具有较大的动态调整范围，并降低射频放大器的功率效率。但各子信道以同相位求和的情况发生概率极小，在一般情况下是不会出现的。通常，可以通过采用限幅的方法来解决此问题。首先，设定一个峰值功率门限，当信号的峰值功率小于此门限值时，信号发射不受影响；当信号峰值功率大于此门限值时，则被人为限制为门限功率值。由于 OFDM 信号本身具有一定的抗干扰能力，因此对 OFDM 性能的影响较小。

3）OFDM 所采用的自适应调制技术以及负载算法会增加发射机和接收机的复杂度，并且当终端移动时速高于 30km/h 时，信道变化加快，刷新频率增加，用于跳频的比特开销也相应增加，此时，自适应调制会变得比较不适合，同时也会降低系统效率。

1.3.3 MIMO

蜂窝系统一直在持续提升空中接口的性能和频谱利用率。为了达到这一目的而使用的方法中，有一种就是多天线技术。多天线技术包括了空频块编码 SFBC（Space Frequency Block Coding）和频移时间分集（Frequency Shift Time Diversity）以及各种多入多出 MIMO（Multiple Input Multiple Output）技术。

1. 单用户 MIMO 和多用户 MIMO

MIMO 在发射端和接收端使用多天线来分别实现多入和多出。MIMO 术语和方法因系统而异。如图 1-19 所示，大部分情况下分为如下两类：

1）单用户 MIMO（Single User - MIMO）。此模式使用 MIMO 技术来提升单用户的性能。

2）多用户 MIMO（Multi User - MIMO）。此模式使用空间复用技术使多个用户获得服务。

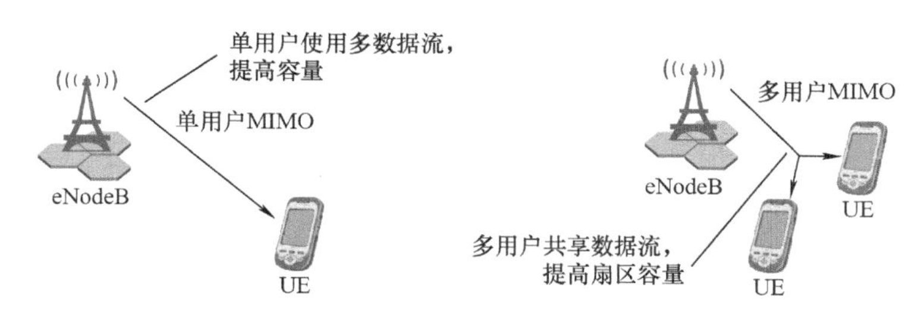

图 1-19 单用户 MIMO 和多用户 MIMO

2. MIMO 模式

LTE 支持使用两根或四根天线进行 MIMO（Multiple Input Multiple Output），或者称多天线传输。码字到层的映射关系是固定的，不管使用多少根天线，最多使用两个码字。

（1）空间复用

最常用的 MIMO 模式是空间复用 SM（Spatial Multiplexing）。空间复用时，多条调制符号流被分配给单个用户，这些符号流在相同的时频资源上传输。信号间通过使用不同的参考信号来区分。参考信号包含在 PRB（Physical Resource Block）中。使用 2×2 MIMO 系统的空间复用如图 1-20 所示。

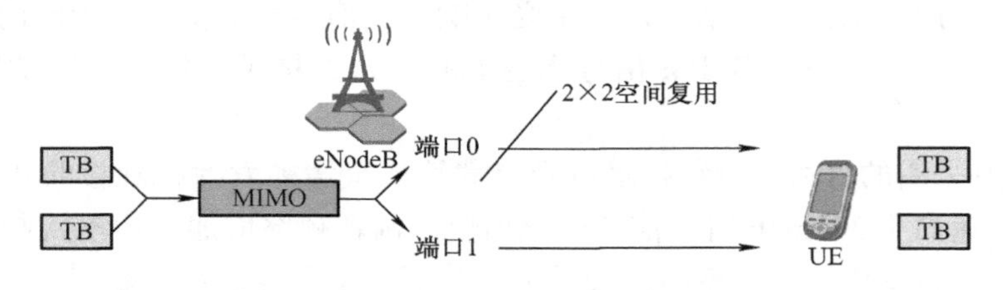

图 1-20　空间复用 MIMO

蜂窝系统中的空间复用存在一个主要问题，就是强干扰，如图 1-21 所示，尤其在小区边缘。不幸的是，这干扰会同时影响到空间上的多条数据流，因此可能造成双倍的误码。所以，空间复用通常用在离 eNodeB 距离近的地方，而不用在小区边缘。

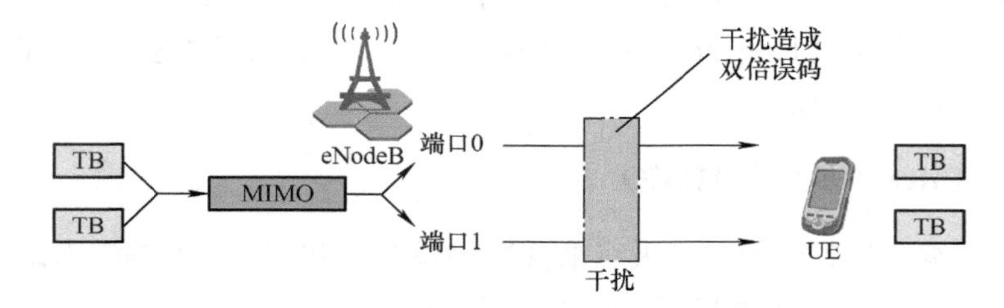

图 1-21　空间复用的干扰问题

在小区边缘的 UE 仍然可以从 MIMO 中获益。不过那依赖于其他的一些实现方式，比如使用单码流预编码。图 1-22 所示以 STC（Space Time Coding）为例说明预编码概念。注意，预编码不仅包含 STC，它还包含其他内容。

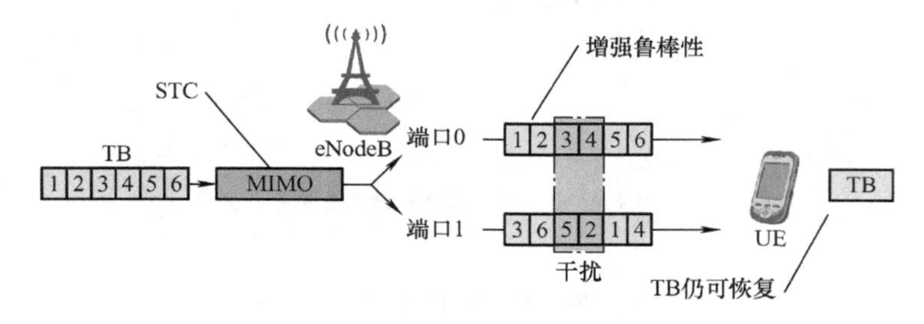

图 1-22　单码流 MIMO

（2）空间分集（Spatial Diversity）

利用发射端或接收端的多根天线所提供的多重传输途径发送相同的数据，以增强数据的传输质量。空间分集如图 1-23 所示。

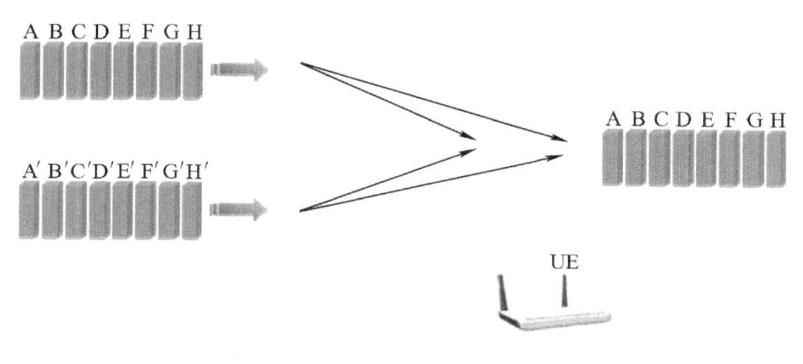

图 1-23　空间分集

（3）波束赋形（Beamforming）

借由多根天线产生一个具有指向性的波束，将能量集中在欲传输的方向，增加信号质量，并减少与其他用户间的干扰。波束赋形如图 1-24 所示。

图 1-24　波束赋形

（4）自适应 MIMO 切换（AMS）

为了真正优化信道效率，一些系统支持自适应 MIMO 切换 AMS（Adaptive MIMO Switching）。如图 1-25 所示，系统可以综合使用空间复用和其他方法（例如 STC）来优化 eNodeB 性能。

3. LTE 系统中的空间复用

LTE 系统允许最多两个码字映射到不同的层上。系统使用预编码来进行空间复用。物理下行共享信道 PDSCH（Physical Downlink Shared Channel）的处理如图 1-26 所示。

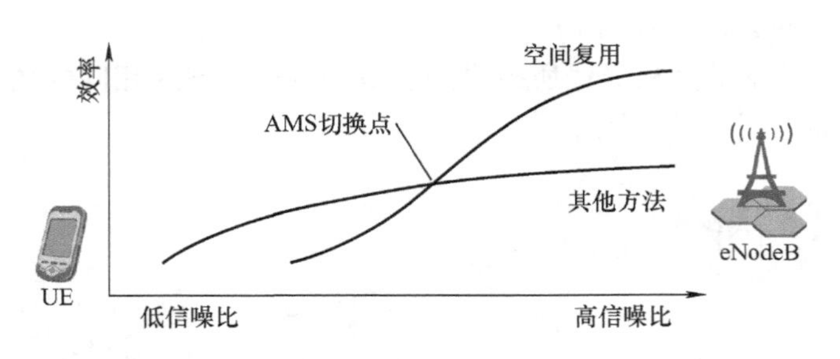

图 1-25　AMS

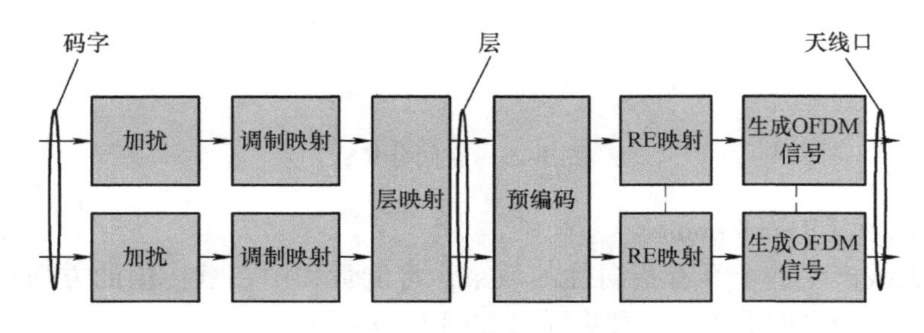

图 1-26　PDSCH 处理

为了使信号可以在空间上复用到不同的天线口，需要使用多种数学计算过程。在两天线或四天线配置下使用开环或闭环空间复用时，计算过程会有所不同。系统中非常重要的一方面就是基于码本的编码机制。两天线口配置时，使用 7 子元码本。四天线口配置时，使用 16 子元码本。收发端共同拥有一套码本集合，UE 可根据信道信息选择码本，将其序号反馈给基站。

4. 反馈信息上报

为了优化系统性能，UE 可以提供多种关于无线信道环境的反馈信息给 eNodeB。根据不同的 MIMO 和 eNodeB 配置，LTE 可以使用不同的反馈信息上报方式。上报的内容可能包含如图 1-27 所示的信息。

图 1-27　反馈信息上报

（1）CQI（Channel Quality Indicator）

CQI 指示了下行信道质量，并有效地指定了 eNodeB 可以使用的最优调制编码方案。CQI 编码方案有很多种。

系统中定义了多种 CQI，其中，宽带 CQI 指的是整个系统带宽上的 CQI。与之相反，子带 CQI 指的是某子带上的 CQI。CQI 种类由高层定义和配置。种类不同，资源块的数量也不同。需要注意的是，使用空间复用 MIMO 时，针对每个码字都会上报一个 CQI。

根据调度模式的不同，可以使用周期性或非周期性的 CQI 上报方式。在频选和非频选调度模式下，使用 PUCCH 来承载周期性的 CQI 报告。在频选调度模式下，使用 PUSCH 来承载非周期性 CQI 报告。

（2） PMI（Precoding Matrix Indicator）

根据 PMI 的指示，UE 选择最优的预编码矩阵。PMI 的值与规格内的码本表相关。与子带 CQI 类似，eNodeB 定义了哪些资源块与 PMI 报告关联。PMI 报告在多种模式都有使用，包括闭环空间复用、多用户 MIMO 和闭环 rank 1 预编码。

（3） RI（Rank Indication）

RI 指示了使用空间复用时的可用传输层数。当使用发射分集时，秩等于 1，即 RI 指示为 1。

1.3.4 SON 技术

随着通信技术和业务的高速发展，无线网络规模越来越大，各种技术体制共存，加之 Home NodeB/eNodeB 的引入，网络变得更加复杂。如果仍然使用无线网络规划和优化的传统工作方式，人工完成海量网络参数操作的难度越来越大，网络规划、优化和运营成本也越来越高。运营商在关注设备性能的同时，更加关注维护操作效率，如何降低 OPEX（Operating Expense）是运营商优先考虑的问题。因此，欧美主流高端运营商发起了 SON（Self - Organizing Network）技术，希望通过 SON 来减少运营成本，提高操作效率，提高网络性能和稳定性。

面对下一代无线网络部署和运营，为了减少运营成本和维护成本，运营商一方面需要在网络建设时投入大量工作，比如规划、配置、优化、计算、调整、测试、预防错误、减少失败、自我恢复等工作。另一方面，需要简化用户的使用流程，比如 Home NodeB 设备，用户希望买回家的是一个即插即用设备，一上电就能够自动获取配置运行。因此，人为因素对网络的影响将越来越小，自配置、自优化、自适应和自修复将成为下一代移动网络的必然趋势。

自配置（Self - configuration）是指新增网络节点（例如基站）的配置能够做到即插即用，以降低成本并简化安装流程。这个过程在预操作状态进行，预操作状态可理解为 eNodeB上电开通，实现与骨干网连接，直到 RF 发射器打开。自配置过程包含基本建立和初始无线配置两部分。

自优化（Self - optimization）是指根据 UE 和 eNodeB 的性能测量报告，对参数进行自优化，以尽量减少优化工作量并提高网络质量和性能。自优化过程包含自优化/自适应过程。

自修复（Self - healing）是指系统检测到问题时能自主减轻或解决，大大减少维护工作成本并避免对网络质量和用户感受的影响。

课后习题：

1. 简述 LTE 技术演进的过程。
2. 写出 TDD - LTE 频率资源规划。
3. 简述 LTE 系统的特点。
4. 简述 LTE 系统结构及网元功能。
5. 画出 LTE 无线用户面协议栈结构。
6. 画出 LTE X2 接口控制面结构。
7. 比较 OFDM 和 OFDMA 的区别。
8. 简述 MIMO 及 LTE 的传输方式。

第2章　LTE空中接口物理层

2.1　Uu接口

LTE空中接口，也称为E-UTRA（Evolved-Universal Terrestrial Radio Access），可支持1.4MHz至20MHz的6种可变带宽，这个空中接口被命名为Uu接口，如图2-1所示，其中大写字母U表示“用户网络接口”（User to Network Interface），小写字母u则表示“通用的”（Universal）。终端设备UE（User Equipment）将根据eNodeB的数据配置来选择合适的信道带宽。

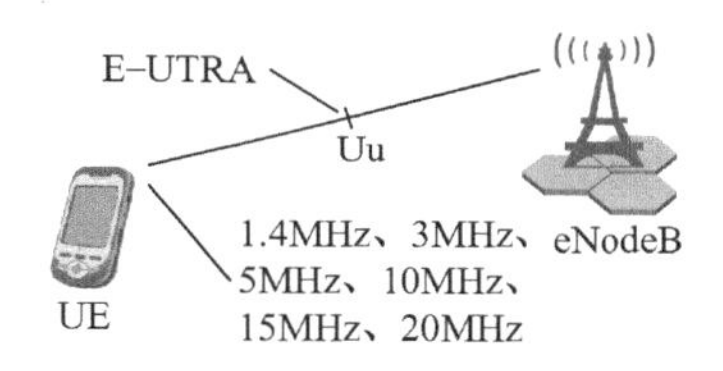

图2-1　LTE空中接口

2.2　LTE无线接口协议

UE与eNodeB之间通过E-UTRA接口连接。在逻辑上，E-UTRA接口可分为控制面和用户面。控制面有两个，第一个控制面由RRC（Radio Resource Control）提供，用于承载UE和eNodeB之间的信令。第二个控制面用于承载NAS（Non Access Stratum）信令消息，并通过RRC传送到MME（Mobility Management Entity）。RRC控制面、NAS控制面以及用户面如图2-2所示。用户面主要用于UE和EPC（Evolved Packet Core）之

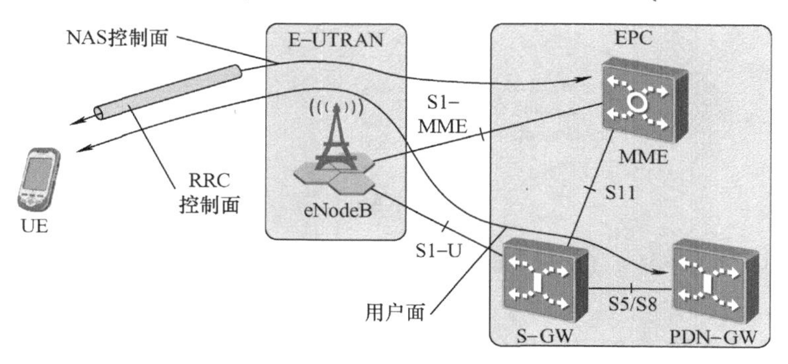

图2-2　LTE控制面和用户面

间传送 IP 数据包，这里的 EPC 指的是 S-GW（Serving Gateway）或 PDN-GW（Packet Data Network-Gateway）。

2.2.1 Uu 接口协议栈

控制面和用户面的底层协议是相同的。它们都使用 PDCP（Packet Data Convergence Protocol）层、RLC（Radio Link Control）层、MAC（Medium Access Control）层和物理层 PHY（Physical Layer）。空中接口协议栈如图 2-3 所示。从图中可以看出，NAS 信令使用 RRC 承载，并映射到 PDCP 层。在用户面上，IP 数据包也映射到 PDCP 层。

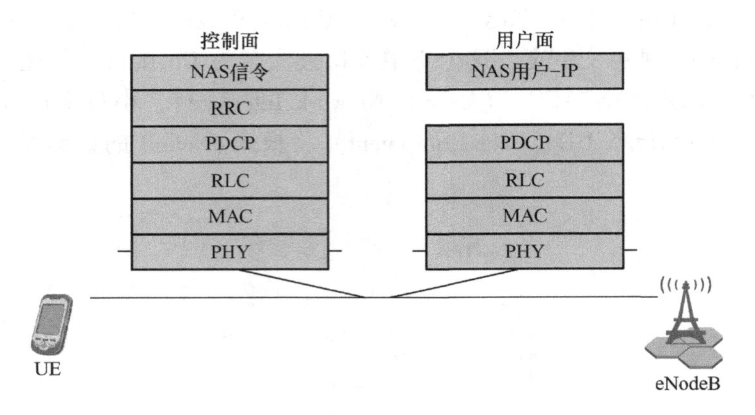

图 2-3　空中接口协议栈

2.2.2 非接入层

非接入层，或称为 NAS，指的是 AS（Access Stratum，接入层）的上层。接入层定义了与 RAN（Radio Access Network），即 E-UTRAN 相关的信令流程和协议。

NAS 主要包含两个方面：上层信令和用户数据。

NAS 信令指的是在 UE 和 MME 之间传送的消息，如图 2-4 所示。

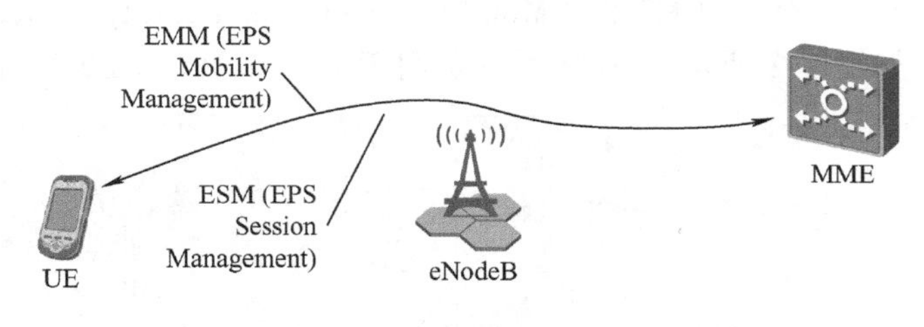

图 2-4　NAS 信令

NAS 信令可以分为 EMM（EPS Mobility Management）和 ESM（EPS Session Management）两大类。

EMM 和 ESM 在 LTE 中的主要信令流程如表 2-1 所示。

表 2-1 EMM 和 ESM 的主要信令流程

EMM 信令流程	ESM 信令流程
附着	默认 EPS 承载上下文激活
分离	专用 EPS 承载上下文激活
跟踪区更新	EPS 承载上下文修改
业务请求	EPS 承载上下文去激活
扩展业务请求	UE 请求 PDN 连接
GUTI 重分配	UE 请求 PDN 断开
鉴权	UE 请求承载资源分配
标识	UE 请求承载资源修改
安全模式控制	ESM 信息请求
EMM 状态	ESM 状态
EMM 信息	
NAS 传输	
寻呼	

EMM 主要流程包括：

- 附着：用于 UE 对 EPC（Evolved Packet Core）的附着，实现 EPS（Evolved Packet System）数据业务功能。注意，附着功能也可用于非 EPS 业务。
- 分离：用于 UE 从 EPS 业务的分离，也可用于其他流程，如与非 EPS 业务断开。
- 跟踪区更新：始终由 UE 发起更新，其用途广泛，最常见的功能包括常规和周期性的跟踪区更新。
- 业务请求：用于 UE 建立连接，在上行用户数据或信令发送时建立无线承载和 S1 承载。
- 扩展业务请求：用于 UE 发起 CS（Circuit Switched）回落呼叫，或回应网络发起的 CS 回落请求。
- GUTI 重分配：用于分配一个 GUTI（Globally Unique Temporary Identifier），并选择性地向特定 UE 提供一个新的 TAI（Tracking Area Identity）列表。
- 鉴权：用于用户与网络间的 AKA（Authentication and Key Agreement）。
- 标识：用于网络向特定 UE 发送请求，要求提供指定的标识参数，如 IMSI（International Mobile Subscriber Identity）或 IMEI（International Mobile Equipment Identity）。
- 安全模式控制：利用 EPS 安全上下文，根据相应的 NAS 密钥和安全算法，初始化并发起 UE 与 MME 之间的 NAS 信令安全功能。
- EMM 状态：由 UE 或网络随时发送，报告错误情况。
- EMM 信息：由网络向 UE 提供信息。
- NAS 消息传输：指在 MME 与 UE 间以封装的形式传送短消息 SMS（Short Message Service）。

- 寻呼：用于网络请求与 UE 建立 NAS 信令连接，也包括 CS 业务通知。

ESM 主要流程包括：

- 默认 EPS 承载上下文激活：用于建立 UE 与 EPC 间的默认 EPS 承载上下文。
- 专用 EPS 承载上下文激活：根据一定的 QoS（Quality of Service）和 TFT（Traffic Flow Template）建立 UE 与 EPC 间的 EPS 承载上下文。专用 EPS 承载上下文激活流程通常由网络发起，也可以由 UE 通过 UE 请求承载资源分配流程发起请求。
- EPS 承载上下文修改：用于根据一定的 QoS 和 TFT 修改 EPS 承载上下文。
- EPS 承载上下文去激活：用于去激活 EPS 承载上下文，或通过去激活所有 EPS 承载上下文从 PDN 断开连接。
- UE 请求 PDN 连接：用于 UE 请求建立连接 PDN 的默认 EPS 承载。
- UE 请求 PDN 断开：用于 UE 请求断开与一个 PDN 的连接。UE 与另一个或多个 PDN 建立连接后，可发起此流程，与原 PDN 断开连接。
- UE 请求承载资源分配：用于 UE 为业务流汇聚请求分配承载资源。
- UE 请求承载资源修改：用于 UE 为业务流汇聚请求修改或释放承载资源，或通过替换包过滤器修改业务流汇聚。
- ESM 信息请求：在附着流程中，用于网络从 UE 获取 ESM 信息，即协议配置方案或 APN（access Point Name），或两者兼得。
- ESM 状态：用于在收到 ESM 协议数据之后，随时报告检测到的错误情况。

NAS 用户面采用 IP（Internet Protocol）协议。当 IP 数据包被传送到下一层，即由 PDCP 层处理。

2.2.3 RRC 层

RRC（Radio Resource Control）是 LTE 空中接口控制面主要协议栈。UE 与 eNodeB 之间传送的 RRC 消息采用 PDCP、RLC、MAC 和 PHY 来完成，RRC 功能如图 2-5 所示。RRC 处理 UE 与 E-UTRAN 之间的所有信令，包括 UE 与核心网之间的信令，即由专用 RRC 消息携带的 NAS（Non Access Stratum）信令。携带 NAS 信令的 RRC 不改变信息内容，只提供下发机制。

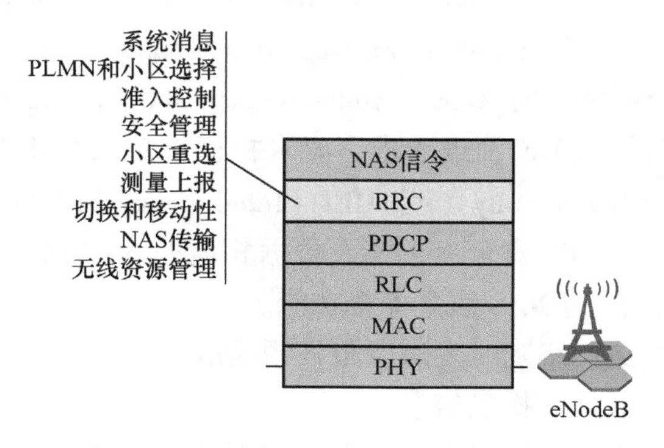

图 2-5　RRC 主要功能

2.2.4 PDCP 层

UMTS 仅在用户面实现 PDCP。与 UMTS 不同，LTE 在用户面和控制面均实现 PDCP。这主要是因为 PDCP 在 LTE 网络里承担了安全功能，即进行加/解密和完整性校验。PDCP 的功能如图 2-6 所示。

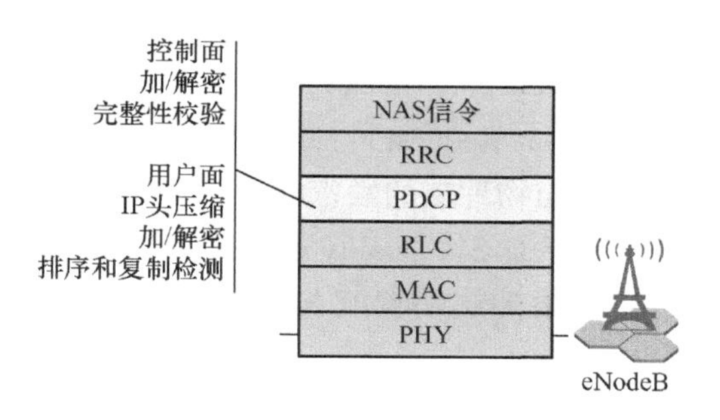

图 2-6 PDCP 的功能

在控制面，PDCP 负责对 RRC 和 NAS 信令消息进行加/解密和完整性校验。而在用户面上，PDCP 的功能略有不同，它只进行加/解密，而不进行完整性校验。另外，用户面的 IP 数据包还采用 IP 头压缩技术以提高系统性能和效率。同时，PDCP 也支持排序和复制检测功能。

2.2.5 RLC 层

RLC（Radio Link Control）是 UE 和 eNodeB 间的协议。它主要提供无线链路控制功能。RLC 最基本的功能是向高层提供如下三种业务：

- TM（Transparent Mode）：用于某些空中接口信道，如广播信道和寻呼信道，为信令提供无连接业务。
- UM（Unacknowledged Mode）：与 TM 模式相同，UM 模式也提供无连接业务，但同时还提供排序、分段和级联功能。
- AM（Acknowledged Mode）：提供 ARQ（Automatic Repeat Request）业务，可以实现重传。

除以上模式和 ARQ 特性，RLC 层还提供信息的分段、重组和级联功能，如图 2-7 所示。

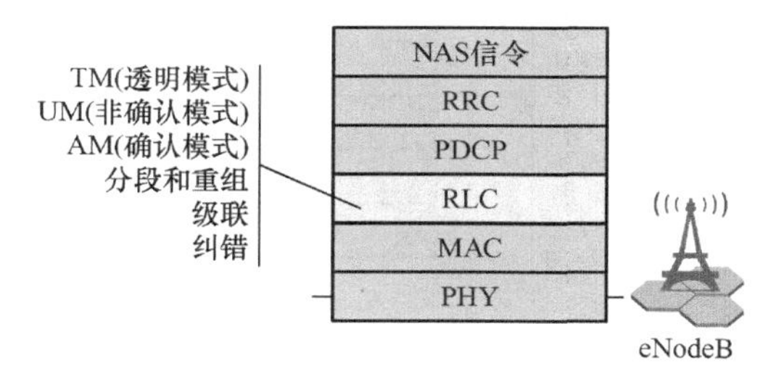

图 2-7 RLC 模式和功能

2.2.6 MAC层

MAC（Medium Access Control）层主要功能包括映射、复用、HARQ以及无线资源分配等，如图2-8所示。

映射：MAC负责将从LTE逻辑信道接收到的信息映射到LTE传输信道上。

复用：提供给MAC的信息来自一个或多个RB（Radio Bearer，无线承载）。MAC层能够将多个RB复用到同一个TB（Transport Block）上以提高效率。

HARQ（Hybrid Automatic Repeat Request）：MAC利用HARQ技术为空中接口提供纠错业务。HARQ的实现需要MAC层与物理层的紧密配合。

无线资源分配：MAC提供基于QoS（Quality of Service）的流量和用户信令的调度。

为实现以上特性，MAC层和物理层需要互相传递无线链路质量的各种指示信息以及HARQ运行情况的反馈信息。

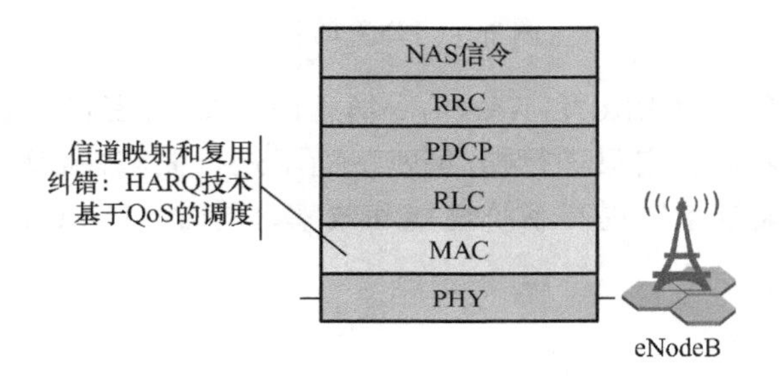

图2-8　MAC功能

2.2.7 物理层

LTE物理层PHY（Physical Layer）提供了一系列新型的灵活信道，同时充分利用先前系统（如UMTS）的特性和机制。物理层提供的主要功能如图2-9所示。

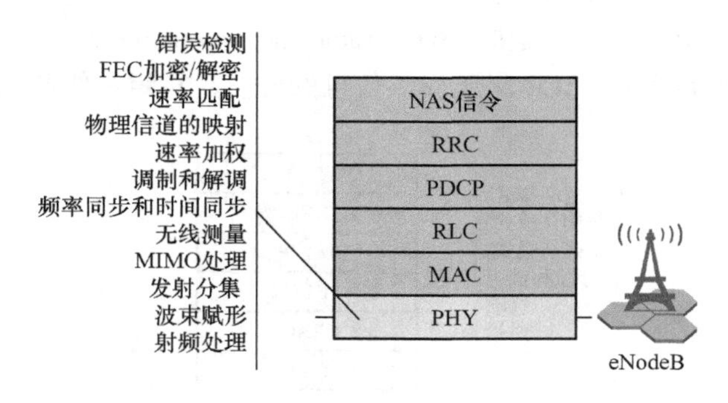

图2-9　物理层主要功能

2.3　LTE 信道结构

GSM 和 UMTS 网络里都定义了很多种信道，LTE 信道和 UMTS 信道类似。总的说来，LTE 信道分为逻辑信道、传输信道和物理信道三类。

2.3.1　逻辑信道

了解逻辑信道，首先要了解逻辑信道在网络和 LTE 协议栈中的位置以及和其他信道的关系。如图 2-10 所示，逻辑信道位于 RLC 层和 MAC 层之间。

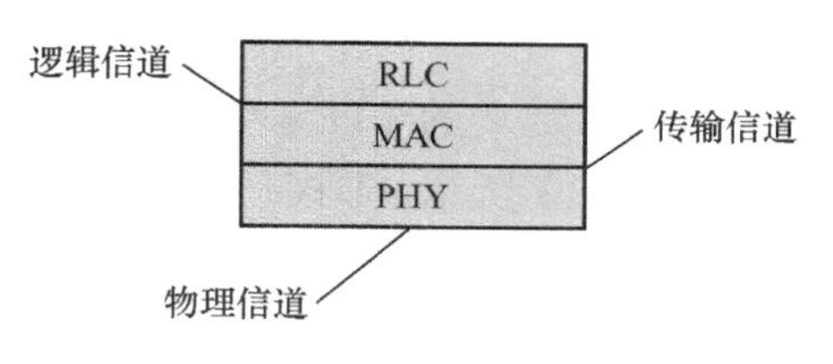

图 2-10　信道位置

逻辑信道分为控制逻辑信道和业务逻辑信道。控制逻辑信道承载控制数据，如 RRC 信令；业务逻辑信道承载用户面数据。

1. 控制逻辑信道

控制逻辑信道包括以下几种：

BCCH（Broadcast Control Channel）：广播控制信道，指 eNodeB 用来发送 SI（System Information）系统消息的下行信道。系统消息由 RRC 定义。

PCCH（Paging Control Channel）：寻呼控制信道，指 eNodeB 用来发送寻呼信息的下行信道。BCCH 和 PCCH 如图 2-11 所示。

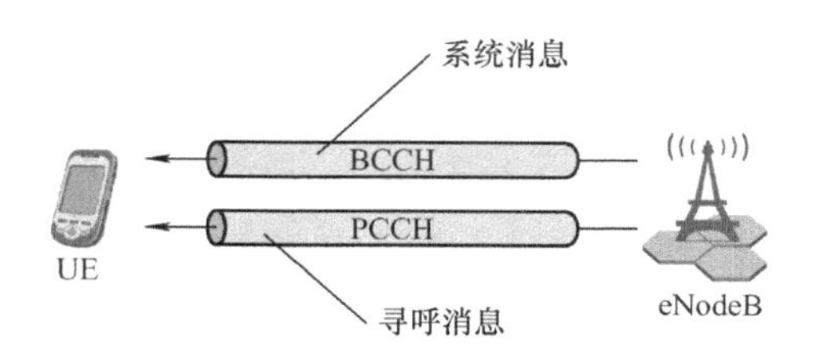

图 2-11　BCCH 和 PCCH

CCCH（Common Control Channel）：公共控制信道，用于建立 RRC（Radio Resource Control）连接。RRC 连接也被称为信令无线承载（Signaling Radio Bearer，SRB），用于重新建立连接。SRB0 映射到 CCCH。

DCCH（Dedicated Control Channel）：专用控制信道，提供双向信令通道。逻辑上讲，通常有两路 DCCH 被激活，分别是 SRB1 和 SRB2。

SRB1 适用于承载 RRC 消息，包括携带高优先级 NAS 信令的 RRC 消息。SRB2 适用于承载低优先级 NAS 信令的 RRC 消息。低优先级的信令在 SRB2 建立前先通过 SRB1 发送。CCCH 和 DCCH 如图 2-12 所示。

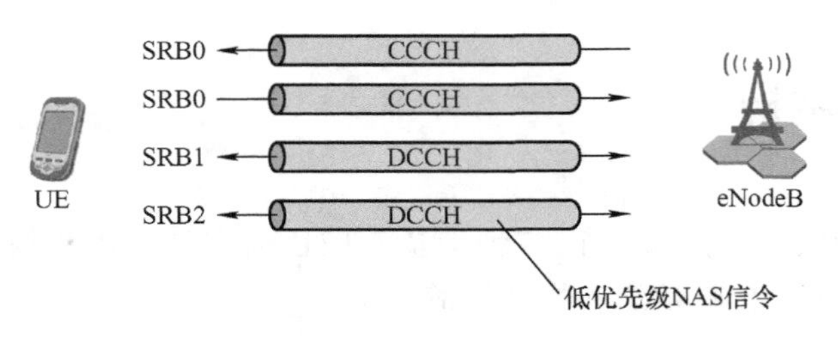

图 2-12　CCCH 和 DCCH

2. 业务逻辑信道

3GPP R9 定义的 LTE 业务逻辑信道是 DTCH（Dedicated Traffic Channel，专用业务信道），如图 2-13 所示。DTCH 承载 DRB（Dedicated Radio Bearer，专用无线承载）信息，即 IP 数据包。

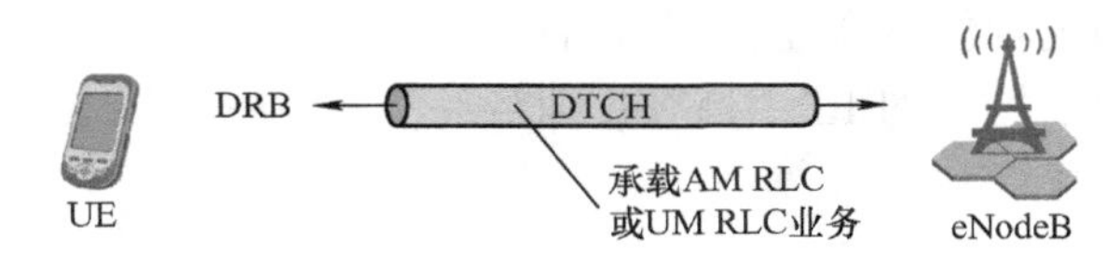

图 2-13　专用业务信道

DTCH 为双向信道，工作模式为 AM（Acknowledged Mode）RLC 或 UM（Unacknowledged Mode）RLC。工作模式由 RRC 根据 E-RAB（EPS Radio Access Bearer）的 QoS（Quality of Service）配置。

2.3.2　传输信道

传统的传输信道分为公共信道和专用信道。为了提高效率，LTE 的传输信道删除了专用信道，而由公共信道和共享信道组成。3GPP R9 定义的主要传输信道如下：

BCH（Broadcast Channel）：广播信道，是固定格式的信道，每帧一个 BCH。BCH 用于承载 MIB（Master Information Block）。但需要注意的是大部分的系统消息都由 DL-SCH（Downlink-Shared Channel）来承载。

PCH（Paging Channel）：寻呼信道，用于承载 PCCH，即寻呼消息。寻呼信道使用不连续接收（Discontinuous Reception，DRX）技术延长手机电池寿命。

DL-SCH（Downlink-Shared Channel）：下行共享信道，是承载下行数据和信令的主要信道，支持动态调度和动态链路自适应调整。同时，该信道利用 HARQ（Hybrid Automatic Repeat Request）技术来提高系统性能。如前文所述，DL-SCH 除了承载业务之外，还承载大部分的系统消息。

RACH（Random Access Channel）：随机接入信道，其承载的信息有限，需要和物理信道以及前导信息共同完成冲突解决流程。

UL-SCH（Uplink Shared Channel）：上行共享信道，其与下行共享信道类似，都支持动

态调度和动态链路自适应调整。动态调度由 eNodeB 控制，动态链路自适应调整通过改变调制编码方案来实现。同时，该信道也利用 HARQ（Hybrid Automatic Repeat Request）技术来提高系统性能。

传输信道如图 2-14 所示。

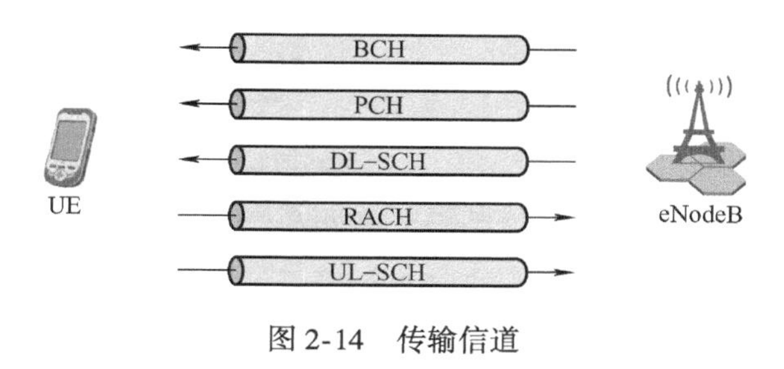

图 2-14　传输信道

2.3.3　物理信道

物理层承载 MAC 传输信道，并提供调度、格式和控制指示等功能。LTE 物理信道分为下行物理信道和上行物理信道。

1. 下行物理信道

LTE 下行物理信道包括：

PBCH（Physical Broadcast Channel）：物理广播信道，用于承载 BCH 信息。

PCFICH（Physical Control Format Indicator Channel）：物理控制格式指示信道，用于指示一个子帧中用于 PDCCH 传输的 OFDM 符号个数。

PDCCH（Physical Downlink Control Channel）：物理下行控制信道，用于承载资源分配信息。

PHICH（Physical Hybrid ARQ Indicator Channel）：物理 HARQ 指示信道，用于在 HARQ 流程中承载上行 HARQ 的 ACK/NACK 反馈信息。

PDSCH（Physical Downlink Shared Channel）：物理下行共享信道，用于承载 DL－SCH 信息。

2. 上行物理信道

LTE 上行物理信道包括：

PRACH（Physical Random Access Channel）：物理随机接入信道，用于承载随机接入前导。PRACH 位置由上层信令，即 RRC 信令定义。

PUCCH（Physical Uplink Control Channel）：物理上行控制信道，用于承载上行控制和反馈信息，也可以承载发送给 eNodeB 的调度请求。

PUSCH（Physical Uplink Shared Channel）：物理上行共享信道，它是主要的上行信道，用于承载上行共享传输信道 UL－SCH（Uplink Shared Channel）。该信道承载信令、用户数据和上行控制信息。需要注意的是，UE 不能同时发射 PUCCH 和 PUSCH。

2.3.4 信道映射

逻辑信道可以对应一个或多个传输信道，传输信道又分别对应物理信道。所以复用多个承载层有多种方案，如图2-15和图2-16所示。

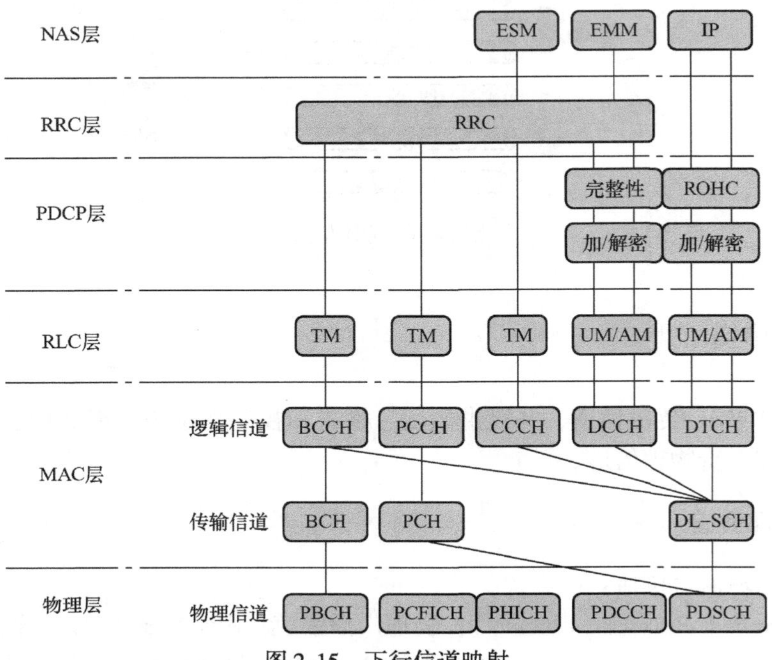

图2-15　下行信道映射

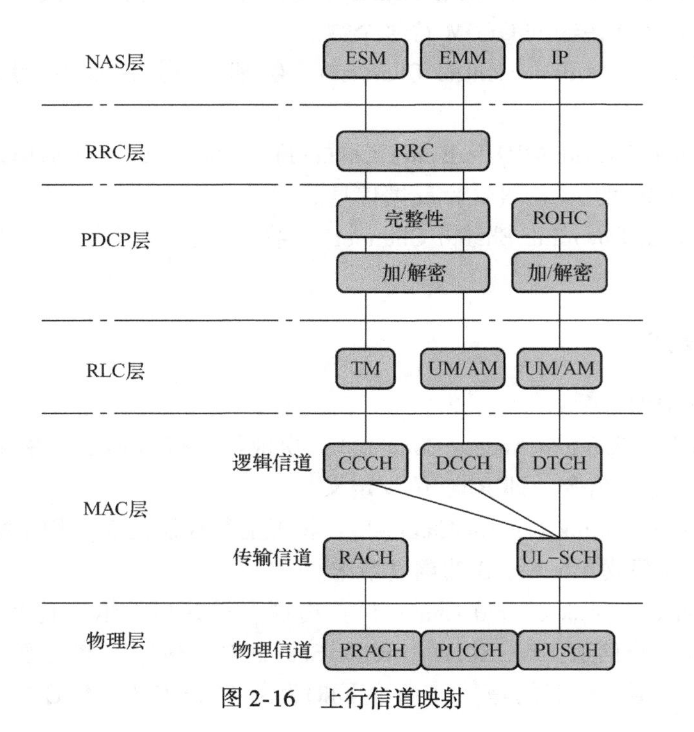

图2-16　上行信道映射

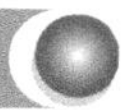

为了实现从逻辑信道到传输信道的复用，MAC 层中通常加入了 LCID（Logical Channel Identifier）。

2.4　LTE 帧结构

在 LTE 网络中，资源以一定时长内的子载波集的方式分配给各网络设备。这种资源被称为 PRB（Physical Resource Block，物理资源块）。这些资源块包含在 LTE 的帧结构中。LTE 帧结构可分为无线帧结构 1 和无线帧结构 2。

2.4.1　无线帧结构 1

无线帧结构 1 用于 FDD 模式。每个帧的时长为 10ms，包含 20 个时隙，其中每个时隙的时长为 0.5ms。一个子帧由相邻的两个时隙组成，时长为 1ms。FDD 模式下，在一个无线帧的时长范围内，有 10 个子帧用于下行传输，同时有 10 个子帧用于上行传输。上下行传输在频域上是分离的。LTEFDD 帧结构如图 2-17 所示，图中展示了时隙和子帧的概念。同时，图中也展示了各时隙的编号。

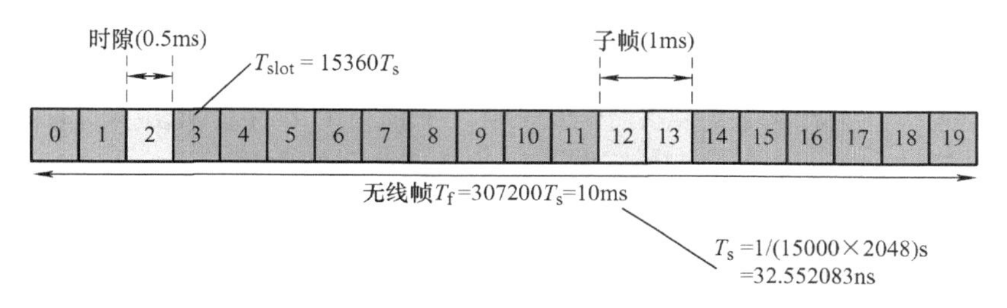

图 2-17　LTE FDD 帧结构

LTE 时间单位以 T_s 表示，计算公式为 $T_s = 1/(15000 \times 2048)$ s，约等于 32.552083ns。这个时间单位或它的倍数在 LTE 中主要用来表示定时和配置。

LTE 系统中有两种循环前缀（Cyclic Prefix，CP）：普通循环前缀和扩展循环前缀。为了区分这两种循环前缀，它们有各自不同的时隙格式。图 2-18 给出了分别由 7 个和 6 个 OFDM

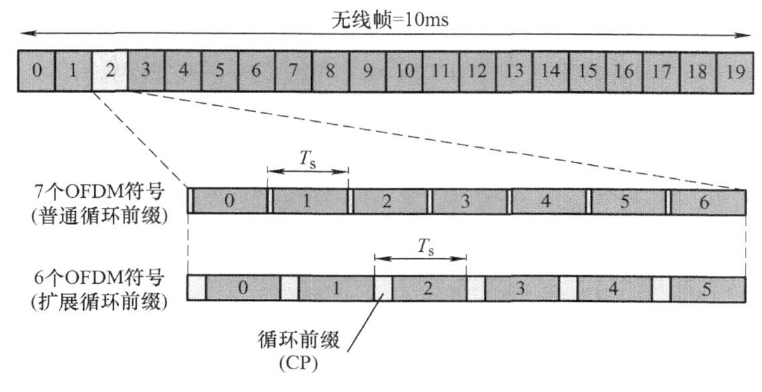

图 2-18　普通循环前缀和扩展循环前缀

符号组成的时隙。从图中可以看出，在配置扩展循环前缀的时隙中，循环前缀扩大了，而符号的数量减少了，因此降低了符号速率。扩展循环前缀主要用于因规划需要扩大小区范围等场景，时延扩展和小区半径越大，需要的 CP 也越长。

2.4.2 无线帧结构 2

无线帧结构 2 用于 TDD 模式。TDD 帧结构引入了特殊子帧的概念。特殊子帧中包括 DwPTS（Downlink Pilot Time Slot，下行导频时隙）、GP（Guard Period，保护周期）和 UpPTS（Uplink Pilot Time Slot，上行导频时隙）。特殊子帧各部分的长度可以配置，但总时长固定为 1ms。LTE TDD 帧结构如图 2-19 所示。

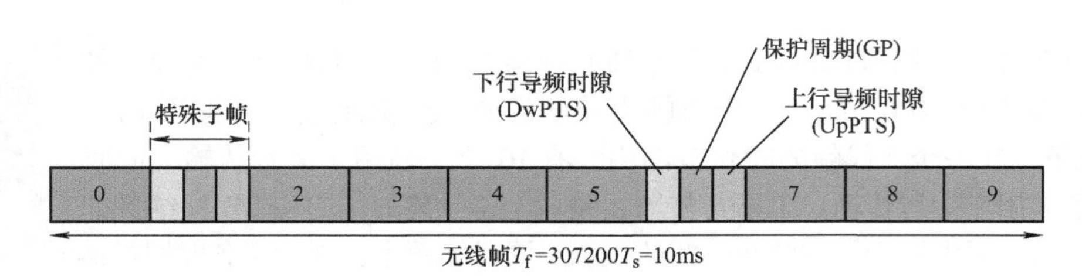

图 2-19　LTE TDD 帧结构

在 TDD 模式下，上行和下行共用 10 个子帧。子帧在上下行之间切换的时间间隔为 5ms 或 10ms，但是子帧 0 和 5 必须分配给下行。因为这两个子帧中包含了 PSS（Primary Synchronization Signal）和 SSS（Secondary Synchronization Signal），同时子帧 0 中还包含了广播信息。

TDD 模式支持多种子帧分配方案，如表 2-2 所示。方案 0、1、2 和 6 中，子帧在上下行切换的时间间隔为 5ms，因此需要配置两个特殊子帧，其他方案中的切换时间间隔都为 10ms。表中字母 D 表示用于下行传输的子帧，U 表示用于上行传输的子帧，S 表示特殊子帧。一个特殊子帧中包含 DwPTS、GP 和 UpPTS 三个字段。

表 2-2　子帧分配方案

配置	上下行比例	切换时间间隔/ms	子帧编号									
			0	1	2	3	4	5	6	7	8	9
0	3∶1	5	D	S	U	U	U	D	S	U	U	U
1	1∶1	5	D	S	U	U	D	D	S	U	U	D
2	1∶3	5	D	S	U	D	D	D	S	U	D	D
3	1∶2	10	D	S	U	U	U	D	D	D	D	D
4	2∶7	10	D	S	U	U	D	D	D	D	D	D
5	1∶8	10	D	S	U	D	D	D	D	D	D	D
6	5∶3	5	D	S	U	U	U	D	S	U	U	D

2.5 下行 OFDMA

2.5.1 OFDMA 结构概述

E－UTRA 下行采用 OFDMA 技术，该技术能让多个网络设备通过无线信道的不同区域在同一时间接收信息。在大多数 OFDMA 系统中，无线信道的不同区域又被称为子信道，即子载波的集合。而在 E－UTRA 中，子信道的概念被称为 PRB（Physical Resource Block）。

OFDMA 结构如图 2-20 所示。从图中可以看出，不同的用户在时频域上都占有一个或多个资源块，从而实现了可用资源的合理调度。

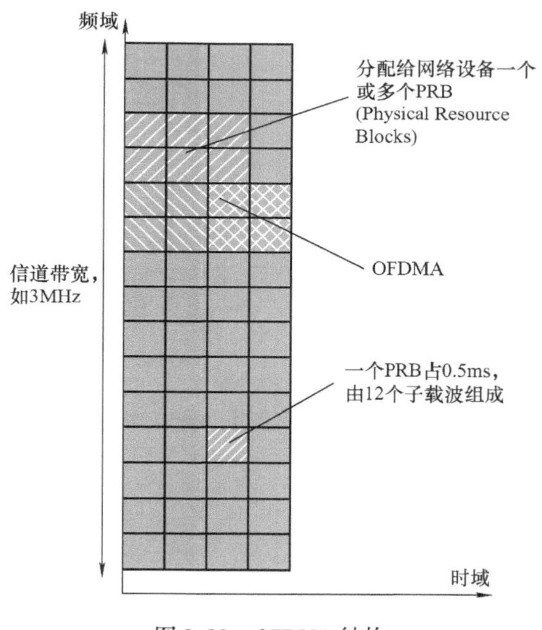

图 2-20 OFDMA 结构

同时需要注意的是，通常分配给网络设备的是时域上的 1ms，即一个子帧，而不是单个 PRB。

2.5.2 物理资源块和资源粒子

每个物理资源块由 12 个连续的子载波组成，并占用一个时隙，即 0.5ms。PRB 的结构如图 2-21 所示。其中，N_{RB}^{DL}表示 DL（Downlink，下行）的 RB（Resource Block）数量，取决于信道带宽。每个 RB 包含 N_{SC}^{RB}个子载波，通常标准为 12 个子载波。另外，当采用 MBSFN

(Multicast Broadcast Single Frequency Network，多播广播单频网）技术时，子载波间隔为7.5kHz，资源块的数量配置不同。

PRB 主要用于资源分配。根据配置了扩展循环前缀或普通循环前缀的不同，每个 PRB 通常包含6个或7个符号（N_{Symb}^{DL}）。

RE（Resource Element，资源粒子）表示一个符号周期长度的一个子载波，可以用来承载调制信息、参考信息或不承载信息，是 LTE 物理资源中最小的资源单位。

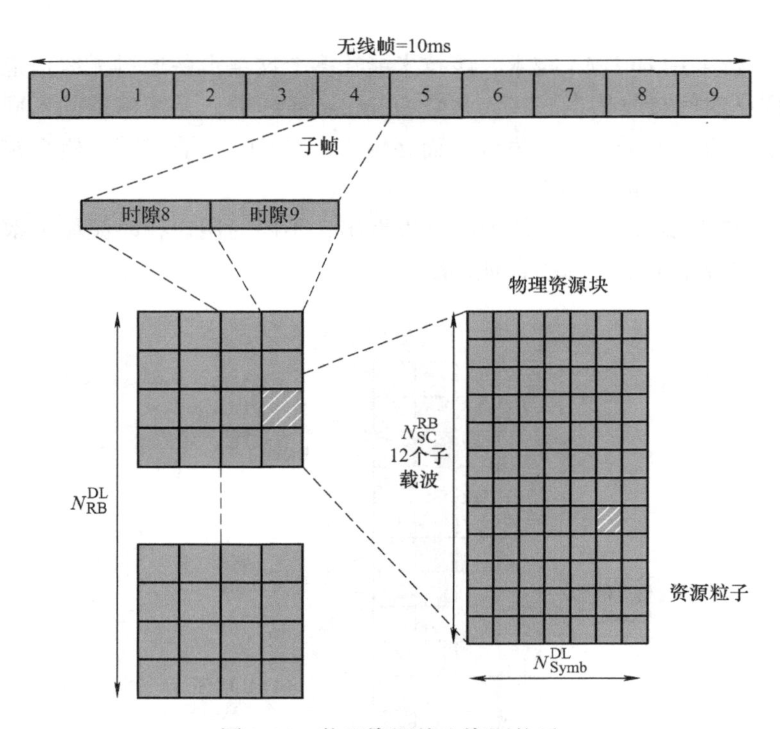

图 2-21　物理资源块和资源粒子

2.6　同步信号

为了使 UE 终端获悉系统信息，eNodeB 必须广播各类下行信号。另外，因为下行带宽在1.4MHz 至 20MHz 之间可变，而 UE 无法事先知道 eNodeB 侧的设置，所以双方检测系统的方法需要一致。因此无论在何种无线频谱配置下，同步信息与小区标识信息必须安排在下行的固定位置上。同步信号作用是在小区搜索过程中实现 UE 和 E-UTRAN 的时频同步。

LTE 有两种同步序列，分别是主同步信号 PSS（Primary Synchronization Signal）与辅同步信号 SSS（Secondary Synchronization Signal）。PSS 用于符号时钟对准、频率同步以及部分的小区 ID 侦测，SSS 用于帧时钟对准、CP 长度侦测以及小区组 ID 侦测。PSS 和 SSS 在无线帧中的位置根据使用的传输模式（即 FDD 还是 TDD）以及循环前缀类型（即使用普通还是扩展 CP）而有所不同。

2.7 下行参考信号

LTE 与其他移动通信系统不同，它在空中接口上不使用帧前导，类似 CDMA 的导频信号，用于下行物理信道解调及信道质量测量（CQI）。因此为了实现相干解调、信道估计、信道质量测量、时间同步等任务，LTE 使用多种参考信号 RS（Reference Signal）。下行参考信号主要可分为三种：

- 小区特定参考信号。
- MBSFN 参考信号，即单载频 MBMS 网上的 MBMS 参考信号。
- UE 特定参考信号。

其中，小区特定参考信号为必选，另外两种参考信号为可选。

LTE 中的小区特定参考信号在时频网格上呈二维排列，特征是距离相同，因此可以提供信道的最小估计均方差。另外，参考符号的时域间隔是影响信道估计的重要因素，也关系到多普勒扩频的容限，即移动速度上限。LTE 的扩频容限为每时隙两个参考符号。

频域间隔也是一个重要因素，因为它关系到期望的信道相干带宽与时延扩展。同一时间 LTE 参考信号的间隔为 6 个子载波，不过因为它们在时域上交错，所以间隔为 3 个子载波。

2.8 LTE 下行物理信道

3GPP R8 和 R9 协议中定义了 5 种下行物理信道。

2.8.1 物理广播信道 PBCH

物理广播信道（Physical Broadcast Channel，PBCH）用于承载主信息块（Master Information Block，MIB）和小区搜索过程，如图 2-22 所示。

图 2-22 物理广播信道

PBCH 映射到 40ms 里的四个子帧上。UE 通过盲检测确定这 40ms 的时刻。子帧中的信息应该是可以自解码的。自解码指的是这些子帧的解码不依赖于 PBCH 上后续发送的传输块信息。

2.8.2　物理控制格式指示信道 PCFICH

PCFICH（Physical Control Format Indicator Channel）用于告知 UE 一个子帧中用于 PDCCH 传输的 OFDM 符号的个数。该信道包含了与物理小区相关的 32bit 信息。这 32bit 是在调制和映射之前经过了加扰。每一个子帧中到达编码单元的控制格式指示（CFI）表示下行控制信息（DCI）在一个子帧中占用的 OFDM 符号数目，即 CFI = 1、2 或者 3。当某系统下行物理资源块数目大于 10 时，CFI = 1、2 或者 3；当某系统下行物理资源块数不大于 10 时，则 CFI 加 1，即为 2、3 或者 4。

2.8.3　物理下行控制信道 PDCCH

PDCCH 用于承载资源调度信息。PDCCH 控制区域的大小由 PCFICH 来定义，即为 1 个、2 个或者 3 个 OFDM 符号长度。PDCCH 承载上下行调度分配信息和上行功控信息。PDCCH 中承载的是 DCI（Downlink Control Information），包含一个或多个 UE 上的资源分配和其他的控制信息。在 LTE 中上下行的资源调度信息都是由 PDCCH 来承载的。一般来说，在一个子帧内，可以有多个 PDCCH。UE 需要首先解调 PDCCH 中的 DCI，然后才能在相应的资源位置上解调属于 UE 自己的 PDSCH（包括广播消息、寻呼、UE 等数据）。

2.8.4　物理下行共享信道 PDSCH

LTE 物理下行信道中的一种，是 LTE 承载主要用户数据的下行链路通道，所有的用户数据都可以使用，还包括没有在 PBCH 中传输的系统广播消息和寻呼消息。

2.8.5　物理 HARQ 指示信道 PHICH

PHICH 用于承载 HARQ（Hybrid ARQ）的 ACK/NACK。这些信息以 PHICH 组的形式发送。一个 PHICH 组包含至多八个 ACK/NACK 进程，需要使用三个 REG 进行传送。相同 PHICH 组中的 PHICH 使用不同的正交序列来区分。

2.9　LTE 上行物理信道

LTE 上行物理信道包括：

- 物理随机接入信道 PRACH（Physical Random Access Channel）：用于承载随机接入前导，应用在各种场景，如初始接入、切换和重建等。PRACH 位置由上层信令定义。
- 物理上行控制信道 PUCCH（Physical Uplink Control Channel）：承载上行控制信息（Uplink Control Information，UCI），如下行传输的 ACK/NACK 回应消息和信道质量指示 CQI（Channel Quality Indicator）报告。信道同时承载调度请求指示和 MIMO 码字反馈消息。

- 物理上行共享信道 PUSCH（Physical Uplink Shared Channel）：上行主要信道，用于承载上行共享传输信道 UL－SCH（Uplink Shared Channel）。该信道传输信令、用户数据和上行控制信息（UCI）。

课后习题：

1. 物理层的主要功能有哪些？
2. 逻辑信道有哪些？
3. 传输信道有哪些？
4. 物理信道有哪些？
5. 画出 LTE－TDD 的帧结构。
6. 说明 TDD 帧中 PSS 与 SSS 的主要作用。

第 3 章　eNodeB 基站设备

与 3G 网络架构相比，LTE 网络架构发生了较大变化，整个网络趋于扁平化设计，其中变化较大的是 E－UTRAN 系统，只保留了 eNodeB 网元，eNodeB 可提供 RRM、IP 头压缩及用户数据流加密、UE 附着时的 MME 选择、寻呼信息的调度传输、广播信息的调度传输，以及设置和提供 eNodeB 的测量等功能。eNodeB 硬件结构上主要由两个功能单元组成：BBU 和 RRU。

3.1　BBU 基带处理单元

BBU3900 为基带处理单元，完成基站基带信号的处理功能，支持小区数为 18 个。BBU3900 主要功能如下：

1）提供与 SAE 通信的物理接口，完成基站与 SAE 之间的信息交互。

2）提供与射频模块通信的 Ir 接口。

3）提供 USB 接口。

4）提供与 LMT 或 DOMC920 连接的维护通道。

5）完成上下行数据处理功能。

6）集中管理整个 BBU3900 系统，包括操作维护和信令处理。

7）提供系统时钟。

本章节主要介绍 BBU3900 设备的外形、各组成单板及其面板、模块、指示灯、物理接口及工程指标信息。

3.1.1　BBU3900 物理结构

BBU3900 采用盒式结构，是一个 19 in 宽、2U 高的小型化的盒式设备。

BBU3900 机械尺寸为：446mm（宽）×310mm（深）×88mm（高），其外形如图 3-1 所示。

ESN（Electronic Serial Number，电子序列号）是用来唯一标识一个网元的标志，将在基站调测时被使用。如果 BBU 的 FAN 模块上挂有标签，则 ESN 打印在标签上和 BBU 挂耳上，如图 3-2 所示。

如果 BBU 的 FAN 模块上没有标签，则 ESN 号码打印在 BBU 挂耳上，如图 3-3 所示。

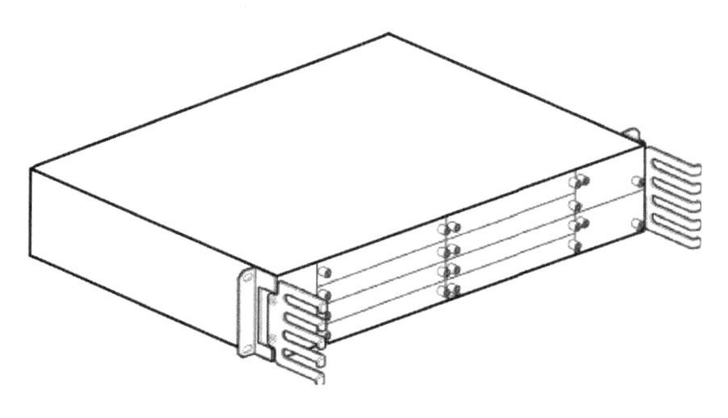

图 3-1　BBU3900 外形

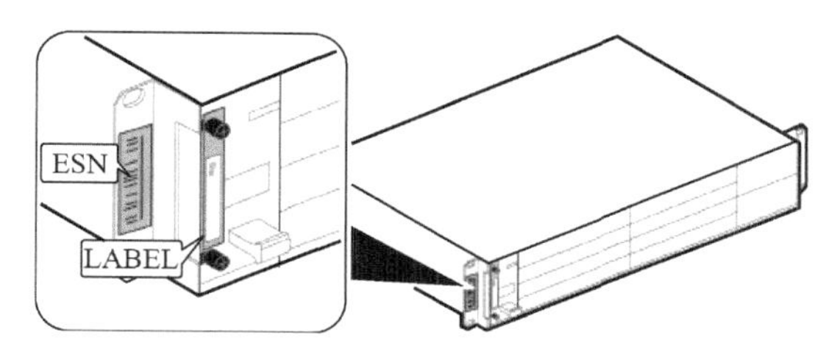

图 3-2　ESN 位置（一）

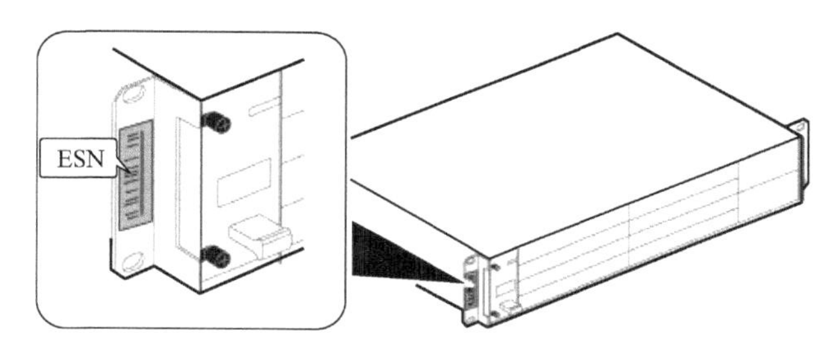

图 3-3　ESN 位置（二）

3.1.2　BBU3900 逻辑结构

BBU3900 采用模块化设计，可按逻辑功能划分为控制子系统、传输子系统和基带子系统三个子系统。另外，时钟模块、电源模块、风扇模块和 CPRI 接口处理模块为整个 BBU3900 系统提供运行支持。BBU3900 系统逻辑结构示意图如图 3-4 所示。

其中，控制子系统的功能如下：

1）控制子系统集中管理整个 eNodeB，完成操作维护管理和信令处理。

2）操作维护管理包括配置管理、故障管理、性能管理、安全管理等。

3）信令处理完成 E－UTRAN（Evolved UMTS Terrestrial Radio Access Network）信令处理，包括空口信令、S1 接口信令和 X2 接口信令。

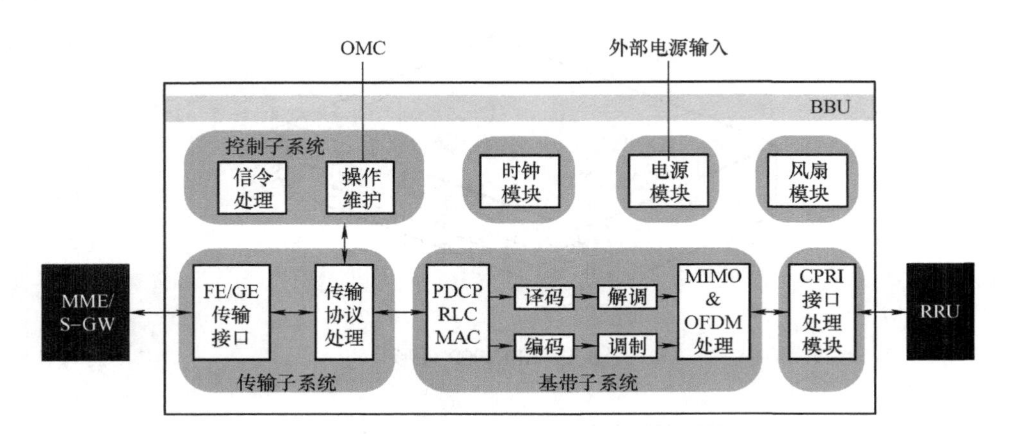

图 3-4　BBU3900 系统逻辑结构

传输子系统提供 eNodeB 与 MME/S - GW 之间的物理接口，完成信息交互，并提供 BBU3900 与操作维护系统连接的维护通道。

基带子系统的功能如下：

1）基带子系统由上行处理模块和下行处理模块组成，完成空口用户面协议栈处理，包括上下行调度和上下行数据处理。

2）上行处理模块按照上行调度结果的指示完成各上行信道的接收、解调、译码和组包，以及对上行信道的各种测量，并将上行接收的数据包通过传输子系统发往 MME/S - GW。

3）下行处理模块按照下行调度结果的指示完成各下行信道的数据组包、编码调制、多天线处理、组帧和发射处理，它接收来自传输子系统的业务数据，并将处理后的信号送至 CPRI 接口处理模块。

3.1.3　BBU3900 单板配置

下面主要介绍 BBU3900 的单板配置原则。

（1）BBU3900 槽位说明

BBU 盒体内的槽位分布如图 3-5 所示。

<table>
<tr><td rowspan="4">Slot 16</td><td>Slot 0</td><td>Slot 4</td><td rowspan="2">Slot 18</td></tr>
<tr><td>Slot 1</td><td>Slot 5</td></tr>
<tr><td>Slot 2</td><td>Slot 6</td><td rowspan="2">Slot 19</td></tr>
<tr><td>Slot 3</td><td>Slot 7</td></tr>
</table>

图 3-5　BBU3900 槽位

（2）BBU3900 单板配置原则

BBU3900 单板配置原则如表 3-1 所示。

表 3-1 BBU3900 单板配置原则

单板名称	选配/必配	最大配置数	安装槽位	备注
UMPTa6	必配	1	Slot6、Slot7	单个 UMPTa6 固定配置在 Slot6
LBBPc	必配（但 LBBPc 和 LBBPd4 不同时配置）	3	Slot0 ~ Slot2	D 频段槽位配置顺序：Slot2 > Slot0 > Slot1，三个基带板都提供光口，且每个单板的 CPRI0/CPRI1 提供光口 E 频段槽位配置顺序：Slot2 > Slot0 > Slot1，三个基带板都提供光口，且每个单板的 CPRI0 提供光口
LBBPd4		4	Slot0、Slot1、Slot2、Slot4、Slot5	D 频段槽位配置顺序：Slot4 > Slot5（Slot4 和 Slot5 提供光口，最多可配置 6 个光口） E 频段槽位配置顺序：Slot2 > Slot0 > Slot1 > Slot4 > Slot5（仅 Slot2 提供光口）
FANc	必配	1	Slot16	固定配置在 Slot16
UPEUc	必配	2	Slot18、Slot19	单个 UPEUc 固定配置在 Slot19
UEIU	必配	1	Slot18	—

BBU3900 典型配置如图 3-6 所示。

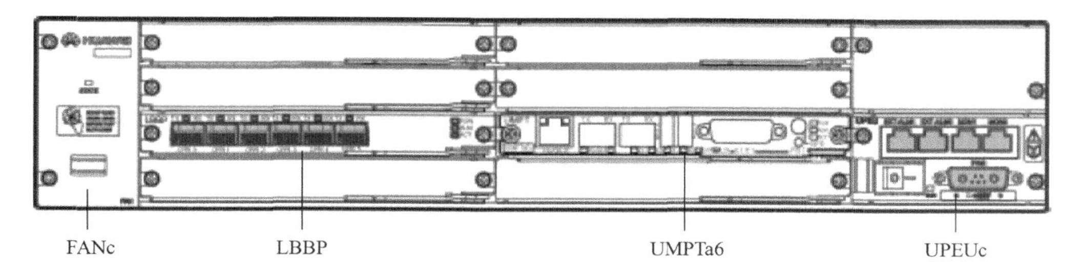

图 3-6 BBU3900 典型配置

3.1.4 BBU3900 单板介绍

1. UMPTa6

UMPTa6（Universal Main Processing & Transmission unit）为 BBU3900 的主控传输板，为其他单板提供信令处理和资源管理等功能。

该单板为必配单板，最多 1 块，配置在 6 号槽。TDL 新建站点采用 UMPTa6，改造站点采用 UMPTa2（不带星卡），一块 UMPT 单板支持 18 个小区，背板带宽为 1.5Gbit/s。

UMPTa6 单板规格如表 3-2 所示。

表 3-2　UMPTa6 单板规格

单板名称	传输制式	端口	端口容量	全双工/半双工
UMPTa6	IP over E1/T1	1	4	—
	FE/GE 电传输	1	10Mbit/s、100Mbit/s、1000Mbit/s	全双工
	FE/GE 光传输	1	100Mbit/s、1000Mbit/s	全双工或半双工

UMPTa6 面板外观如图 3-7 所示。

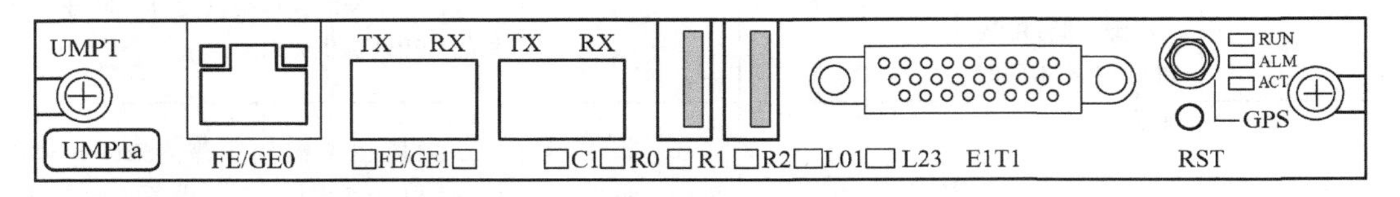

图 3-7　UMPTa6 单板面板

UMPTa6 单板的功能如下：

1）完成配置管理、设备管理、性能监视、信令处理、主备切换等功能。

2）实现对系统内部各单板的控制。

3）提供整个系统所需要的基准时钟。

4）可以实现传输功能，集成单星卡，提供绝对时间信息和 1pps 参考时钟源。

5）在初始配置的时候，完成基本传输的功能，包括 4 个 E1 和 2 个 FE/GE 的传输接口，完成 IP 和 PPP 协议。

UMPTa6 单板的指示灯说明如表 3-3 所示。

表 3-3　UMPTa6 单板指示灯说明

指示灯	颜色	状态	说明
RUN	绿色	常亮	有电源输入，单板存在故障
		常灭	无电源输入或单板处于故障状态
		1s 亮，1s 灭	单板正常运行
		0.125s 亮，0.125s 灭	单板正在加载软件或数据配置、单板未开工或运行在安全版本中
ALM	红色	常亮	有告警，需要更换单板
		1s 亮，1s 灭	有告警，不能确定是否需要更换单板，可能是相关单板或接口等故障引起的告警
		常灭	无故障
ACT	绿色	常亮	主用状态
		常灭	非主用状态或单板没有激活、没有提供服务，如单板没有配置、单板人工闭塞等
		0.125s 亮，0.125s 灭	OML 断链
		1s 亮，1s 灭	测试状态
		以 4s 为周期，前 2s 内，0.125s 亮，0.125s 灭，重复 8 次后常灭 2s	业务未就绪状态（例如小区状态未就绪，业务链路未就绪或系统存在需要现场处理的故障等）

（续）

指示灯	颜色	状态	说明
光口 LINK	绿色	常亮	连接状态正常
		常灭	连接状态不正常
光口 ACT	黄色	闪烁	有数据传输
		常灭	无数据传输
电口 LINK	绿色	常亮	连接状态正常
		常灭	连接状态不正常
电口 ACT	黄色	闪烁	有数据传输
		常灭	无数据传输
CI	红绿双色	绿灯亮	互联链路正常
		红灯亮	光模块收发异常（可能原因：光模块故障、光纤折断等）
		红灯闪烁，0.125s 亮，0.125s 灭	连线错误，分以下两种情况： ● 主主口、从从口连接。对应配对端口的指示灯闪烁。 ● 环形连接。所有有连接的端口指示灯闪烁
		常灭	SFP 模块不在位或者光模块电源下电
R0、R1、R2	红绿双色	常灭	无制式信息
		绿灯常亮	有单模软件或多模软件时点亮对应制式的灯，单模点单个灯，多模点多个灯
L01	红绿双色	常灭	0 号、1 号链路未连接或存在 LOS 告警
		绿灯常亮	0 号、1 号链路连接工作正常
		绿灯闪烁，1s 亮，1s 灭	0 号链路连接正常，1 号链路未连接或存在 LOS 告警
		绿灯闪烁，0.125s 亮，0.125s 灭	1 号链路连接正常，0 号链路未连接或存在 LOS 告警
		红灯常亮	0 号、1 号链路均存在告警
		红灯闪烁，1s 亮，1s 灭	0 号链路存在告警
		红灯闪烁，0.125s 亮，0.125s 灭	1 号链路存在告警
L23	红绿双色	常灭	2 号、3 号链路未连接或存在 LOS 告警
		绿灯常亮	2 号、3 号链路连接工作正常
		绿灯闪烁，1s 亮，1s 灭	2 号链路连接正常，3 号链路未连接或存在 LOS 告警
		绿灯闪烁，0.125s 亮，0.125s 灭	3 号链路连接正常，2 号链路未连接或存在 LOS 告警
		红灯常亮	2 号、3 号链路均存在告警
		绿灯闪烁，1s 亮，1s 灭	2 号链路存在告警
		绿灯闪烁，0.125s 亮，0.125s 灭	3 号链路存在告警

UMPTa6 单板的接口说明如表 3-4 所示。

表 3-4 UMPTa6 单板接口说明

面板标识	连接器类型	说明
FE/GE1 光口	SFP 连接器	100Mbit/s、1000Mbit/s 模式自适应以太网传输光信号接口，用于以太网传输业务数据及信令
FE/GE0 电口	RJ45 连接器	10Mbit/s、100Mbit/s、1000Mbit/s 模式自适应以太网传输电信号接口，用于以太网传输业务数据及信令
USB 接口	USB 连接器	标“USB”丝印的 USB 接口用于传输数据，可提供 USB 接口和调试网口功能 标“CLK”丝印的 USB 接口用于 TOD 与测试时钟复用
E1/T1	DB26 母型连接器	主控传输板与 UELP 单板或控制器之间的 4 路 E1/T1 信号的输入、输出
GPS 接口	SMA	用于传输天线接收的射频信息给星卡
CI	SFP 连接器	用于 BBU 互联
RST	—	复位开关

UMPTa6 单板上有两个拨码开关，分别为拨码开关“SW1”“SW2”，拨码开关在单板上的位置如图 3-8 所示。

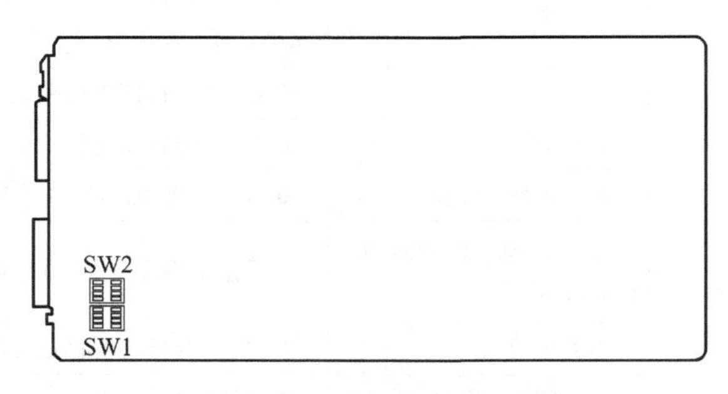

图 3-8 UMPTa6 拨码开关位置

每个拨码开关有四个拨码位，各拨码开关的功能为：

“SW1”用于 E1/T1 模式选择，拨码开关的详细说明如表 3-5 所示。

“SW2”用于 E1/T1 接收接地选择，拨码开关的详细说明如表 3-6 所示。

表 3-5 “SW1”拨码开关说明

拨码开关	拨码状态		说明
	1	2	
SW1	ON	ON	E1 阻抗选择 75Ω
	OFF	ON	E1 阻抗选择 120Ω
	ON	OFF	T1 阻抗选择 100Ω

表3-6　"SW2"拨码开关说明

拨码开关	拨码状态				说　明
	1	2	3	4	
SW2	OFF	OFF	OFF	OFF	平衡模式
	ON	ON	ON	ON	非平衡模式

2. LBBP

LBBP（LTE Base Band Processing unit）单板是BBU3900的基带处理板，主要实现基带信号处理功能。该单板为TDL必配单板。

LBBP单板规格如表3-7所示。

表3-7　LBBP单板规格

单板名称	小　区　数	小区带宽	天线配置
LBBPc	3	20MHz	1T1R/2T2R
	1	20MHz	8T8R
LBBPd	3	2 * 20MHz	1T1R/2T2R
	3	20MHz	8T8R

LBBP单板有两种外观，如图3-9和图3-10所示。

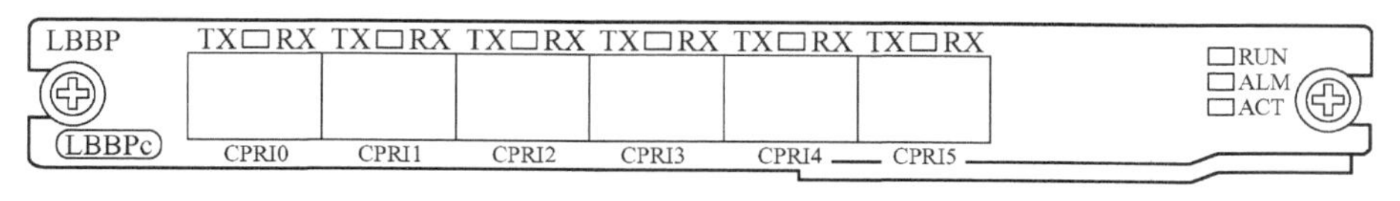

图3-9　LBBPc单板面板外观图

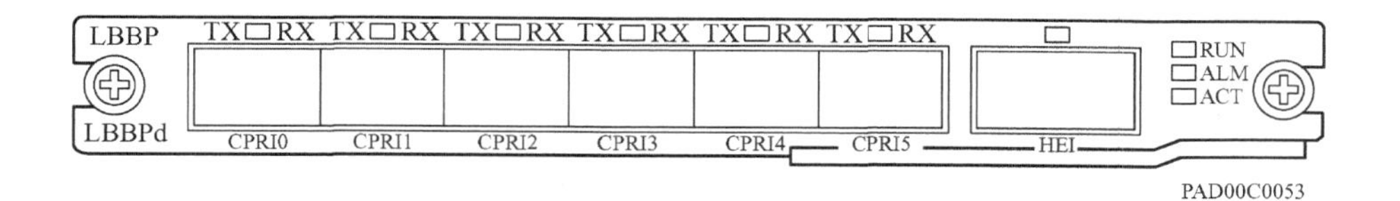

图3-10　LBBPd单板面板外观图

LBBP单板的主要功能包括：

1）完成上下行数据的基带处理功能。

2）提供与射频模块的Ir接口。

3）实现跨BBU基带资源共享能力。

LBBP单板提供3个面板指示灯，指示灯状态含义如表3-8所示。

表 3-8　LBBP 单板指示灯

面板标识	颜　色	状　态	含　义
RUN	绿色	常亮	有电源输入，单板存在问题
		常灭	无电源输入
		1s 亮，1s 灭	单板已按配置正常运行
		0.125s 亮，0.125s 灭	单板正在加载软件或数据配置、单板未开工或运行在安全版本中
ALM	红色	常亮	有告警，需要更换单板
		1s 亮，1s 灭	有告警，不能确定是否需要更换单板，可能是相关单板或接口等故障引起的告警
		常灭	无故障
ACT	绿色	常亮	主用状态
		常灭	备用状态
		1s 亮，1s 灭	单板供电不足

LBBPc 单板提供 6 个 SFP 接口链路状态指示灯，位于 SFP 接口上方，指示灯状态含义如表 3-9 所示。

表 3-9　SFP 接口链路状态指示灯

面板标识	颜　色	状　态	含　义
TX RX	红绿双色	绿灯常亮	Ir 链路正常
		红灯常亮	光模块收发异常（可能原因：光模块故障、光纤折断等）
		红灯 0.125s 亮，0.125s 灭	Ir 链路上的射频模块存在硬件故障
		红灯 1s 亮，1s 灭	Ir 失锁（可能原因：双模时钟互锁问题、Ir 接口速率不匹配等，处理建议：检查系统配置）
		常灭	SFP 模块不在位或光模块电源下电

LBBPd 单板提供一个 QSFP 接口链路状态指示灯，位于 QSFP 接口上方，指示灯含义如表 3-10 所示。

表 3-10　QSFP 接口链路状态指示灯

面板标识	颜　色	状　态	含　义
HEI	红绿双色	绿灯常亮	互联链路正常
		红灯常亮	光模块收发异常（可能原因：光模块故障、光纤折断等）
		红灯闪烁（1s 亮，1s 灭）	互联链路失锁（可能原因：BBU 盒体间时钟互锁、QSFP 接口速率不匹配等）处理建议：检查系统配置
		常灭	QSFP 模块不在位或者光模块电源下电

LBBPc 单板上有 6 个 Ir 接口，含义如表 3-11 所示。

表 3-11 LBBPc 单板接口

面板标识	连接器类型	接口数量	说明
CPRI0 ~ CPRI5	SFP 母型连接器	6	用于连接射频模块，传输业务数据、时钟和同步信息

LBBPd 单板上还有一个 QSFP 接口，含义如表 3-12 所示。

表 3-12 LBBPd 上 QSFP 接口

面板标识	连接器类型	接口数量	说明
HEI	QSFP 连接器	1	与其他基带板进行互联，实现基带资源共享

3. FANc

FANc 是 BBU3900 的风扇模块，主要用于风扇的转速控制及风扇板的温度检测，上报风扇和风扇板的状态，并为 BBU 提供散热功能。

该单板为必配单板，最多 1 块，放置在 16 号槽位。

FANc 外观如图 3-11 所示。

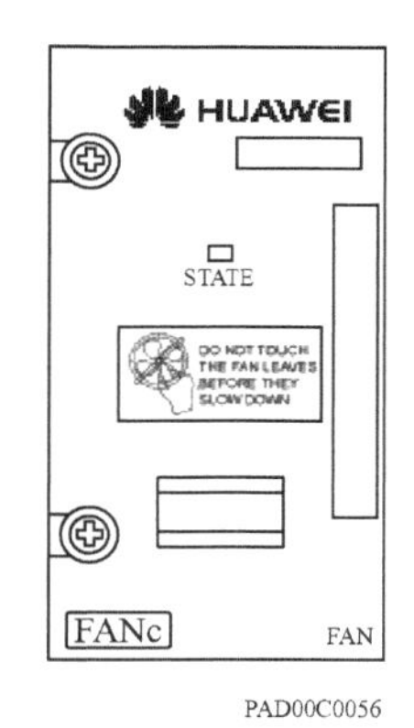

图 3-11 FANc 面板外观图

FANc 模块的主要功能包括：

1）控制风扇转速。

2）向主控板上报风扇状态、风扇温度值和风扇在位信号。

3）检测进风口温度。

4）提供散热功能。

5）FANc 支持电子标签读写功能。

FANc 面板只有 1 个指示灯，用于指示风扇的工作状态。指示灯含义如表 3-13 所示。

表 3-13　FANc 面板指示灯

面板标识	颜色	状态	含义
STATE	红绿双色	常灭	无电源输入
		常亮	模块正在启动、自检或加载激活
	绿色	0.125s 亮、0.125s 灭	模块尚未注册或通信断链
		1s 亮，1s 灭	模块正常运行
	红色	常亮	模块故障，需要更换
		0.125s 亮、0.125s 灭	有告警，可能是通信断链
		1s 亮，1s 灭	通信正常有告警，不能确定是否需要更换单板

4. UPEUc

UPEUc（Universal Power and Environment Interface Unit Type c）是 BBU3900 的电源模块，用于将 DC -48V 输入电源转换为 DC +12V。

该单板为必配单板，最多 2 块（默认配 1 块），放置在 19（默认）/18 号槽位。

UPEUc 面板外观如图 3-12 所示。

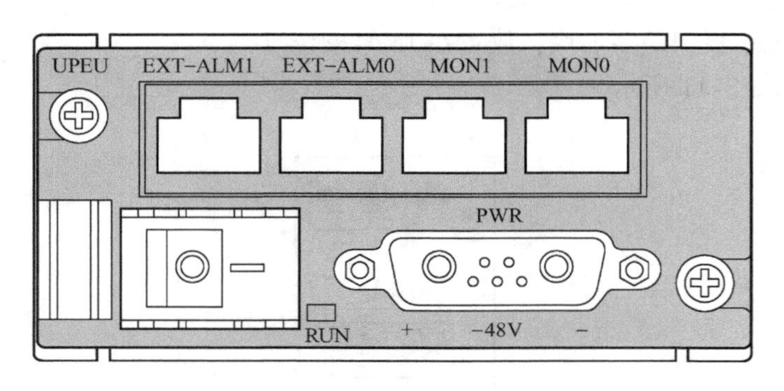

图 3-12　UPEUc 面板外观图

UPEUc 的主要功能包括：

1）将 DC -48V 输入电源转换为单板支持的 +12V 工作电源。

2）提供两路 RS485 信号接口和 8 路开关量信号接口，开关量输入只支持干接点和 OC（Open Collector）输入。

UPEUc 单板规格如表 3-14 所示。

表 3-14　UPEUc 单板规格

单板名称	输出功率	备份支持
UPEUc	一块 UPEUc 输出功率为 330W，两块 UPEUc 输出功率为 650W	输出功率小于 330W 时支持 1 +1 备份

UPEUc 面板有 1 个指示灯，用于指示 UPEU 的工作状态。指示灯含义如表 3-15 所示。

表 3-15 UPEUc 面板指示灯

面板标识	颜色	状态	含义
RUN	绿色	常亮	单板正在启动、自检或加载激活
		常灭	无电源输入
		1s 亮，1s 灭	单板已经注册并正常运行
		0.125s 亮，0.125s 灭	单板未注册或通信断链

UPEUc 可提供两路 RS485 信号接口和 8 路开关量信号接口。BBU 槽位配置如图 3-13 所示。

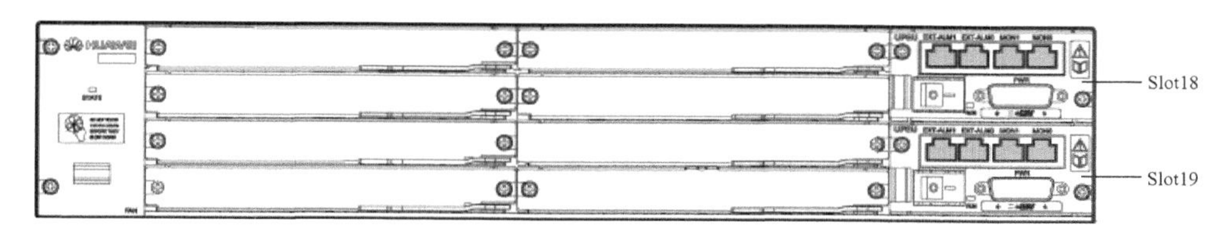

图 3-13 BBU 槽位配置

UPEUc 面板接口含义如表 3-16 所示。

表 3-16 接口含义

配置槽位	面板标识	连接器类型	接口数量	说明
Slot19	-48V	3V3	1	-48V 直流电源输入
	EXT-ALM0	RJ45	1	0~3 号开关量信号输入端口
	EXT-ALM1	RJ45	1	4~7 号开关量信号输入端口
	MON0	RJ45	1	0 号 RS485 信号输入端口
	MON1	RJ45	1	1 号 RS485 信号输入端口
Slot18	-48V	3V3	1	-48V 直流电源输入
	EXT-ALM0	RJ45	1	0~3 号开关量信号输入端口
	EXT-ALM1	RJ45	1	4~7 号开关量信号输入端口
	MON0	RJ45	1	0 号 RS485 信号输入端口
	MON1	RJ45	1	1 号 RS485 信号输入端口

5. UEIU

UEIU（Universal Environment Interface Unit）是 BBU3900 的环境接口板，主要用于将环境监控设备信息和告警信息传输给主控板。

该单板为选配单板，最多 1 块，放置在 18 号槽位。

UEIU 面板如图 3-14 所示。

UEIU 的主要功能包括：

1）提供 2 路 RS485 信号接口。

2）提供 8 路开关量信号接口，开关量输入只支持干接点和 OC 输入。

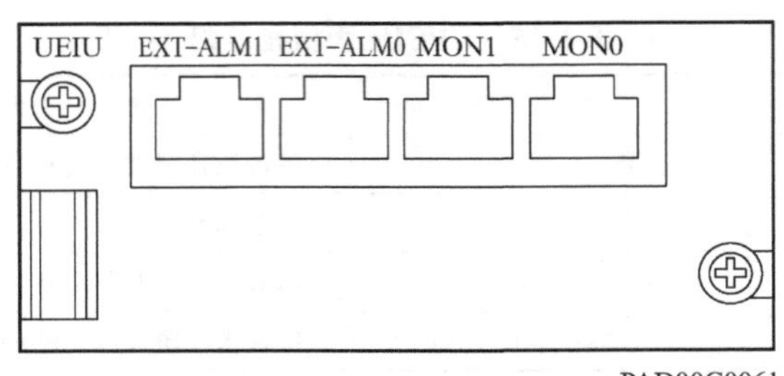

图 3-14　UEIU 面板外观图

3）将环境监控设备信息和告警信息传输给主控板。

UEIU 面板接口含义如表 3-17 所示。

表 3-17　UEIU 面板接口

配置槽位	面板标识	连接器类型	接口数量	说　明
Slot18	EXT-ALM0	RJ45	1	0~3 号开关量信号输入端口
	EXT-ALM1	RJ45	1	4~7 号开关量信号输入端口
	MON0	RJ45	1	0 号 RS485 信号输入端口
	MON1	RJ45	1	1 号 RS485 信号输入端口

6. UFLPb

UFLPb（Universal FE Lightning Protection unit Type b）为通用 FE/GE 雷电防护单元，每块 UFLPb 支持两路 FE/GE 信号的防雷。该单板安装在 SLPU 模块里。

UFLPb 面板如图 3-15 所示。

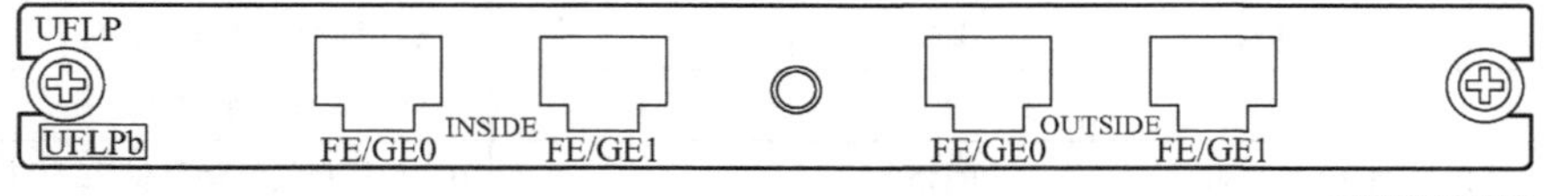

图 3-15　UFLPb 面板图

UFLPb 单板通过对 FE/GE 信号防雷保护，从而起到保护基站的作用。

UFLPb 接口说明如表 3-18 所示。

表 3-18　UFLPb 接口说明表

接口位置	面板丝印	连接器类型	说　明
INSIDE 侧	FE/GE0、FE/GE1	RJ45	连接基站传输单板
OUTSIDE 侧	FE/GE0、FE/GE1	RJ45	连接外部传输设备

7. USLP2

USLP2（Universal Signal Lightning Protection unit 2）单板为干接点防雷单元，可选配安装于 SLPU 盒体中。USLP2 单板面板如图 3-16 所示。

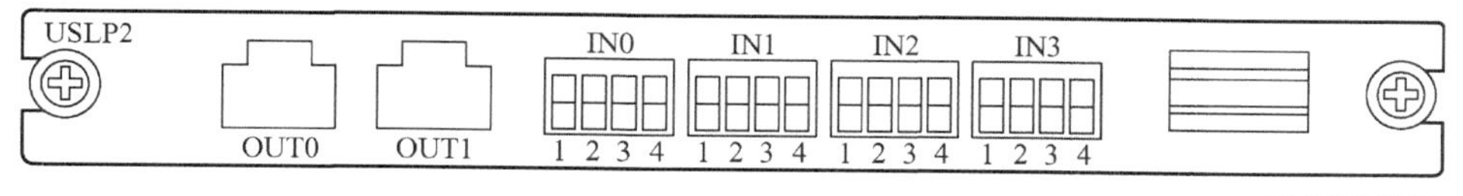

图 3-16 USLP2 单板面板图

USLP2 单板上有 4 个输入接口和两个输出接口，单板接口说明如表 3-19 所示。

表 3-19 USLP2 单板接口说明表

面板丝印	接口类型	接口数量	说明
IN0、IN1、IN2、IN3	4pin	4	输入接口，连接自定义告警设备
OUT0、OUT1	RJ45	2	输出接口，连接机柜内 UPEU 或 UEIU 的 EXT－ALM 接口

USLP2 输入接口“IN”和输出接口“OUT”的引脚之间有一定的对应关系，如图 3-17 所示。

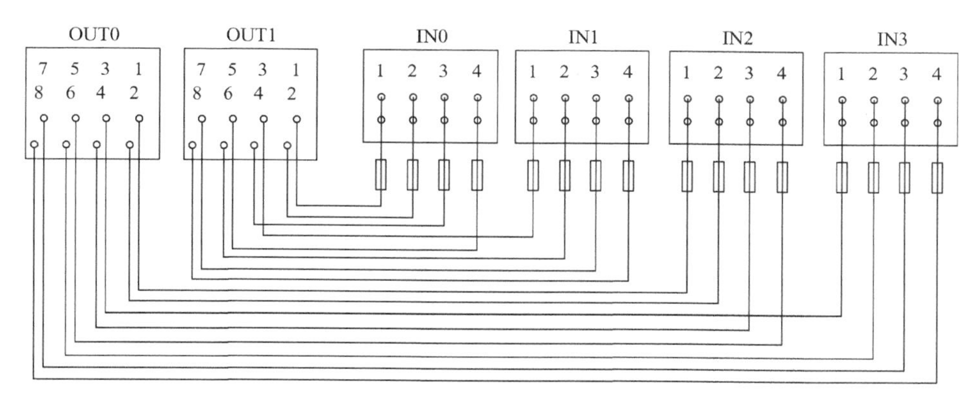

图 3-17 USLP2 单板输入输出引脚对应关系

USLP2 输入输出接口引脚对应关系如表 3-20 所示。

表 3-20 USLP2 输入输出接口引脚对应关系

输入接口		输出接口	
面板丝印	引脚	面板丝印	引脚
IN0	IN0. 1	OUT1	OUT1. 1
	IN0. 2		OUT1. 2
	IN0. 3		OUT1. 4
	IN0. 4		OUT1. 5
IN1	IN1. 1		OUT1. 3
	IN1. 2		OUT1. 6
	IN1. 3		OUT1. 7
	IN1. 4		OUT1. 8

（续）

输入接口		输出接口	
面板丝印	引　　脚	面板丝印	引　　脚
IN2	IN2. 1	OUT0	OUT0. 1
	IN2. 2		OUT0. 2
	IN2. 3		OUT0. 4
	IN2. 4		OUT0. 5
IN3	IN3. 1		OUT0. 3
	IN3. 2		OUT0. 6
	IN3. 3		OUT0. 7
	IN3. 4		OUT0. 8

3.2　RRU 射频处理单元

3.2.1　RRU 逻辑结构

RRU（Radio Remote Unit）是射频拉远模块，主要负责传递和转换 BBU 与天馈系统之间的信号。RRU 采用模块化设计，根据功能分为 CPRI 接口处理、供电单元、TRX、PA（Power Amplifier）、LNA 和收发切换开关。RRU 逻辑结构示意图如图 3-18 所示。

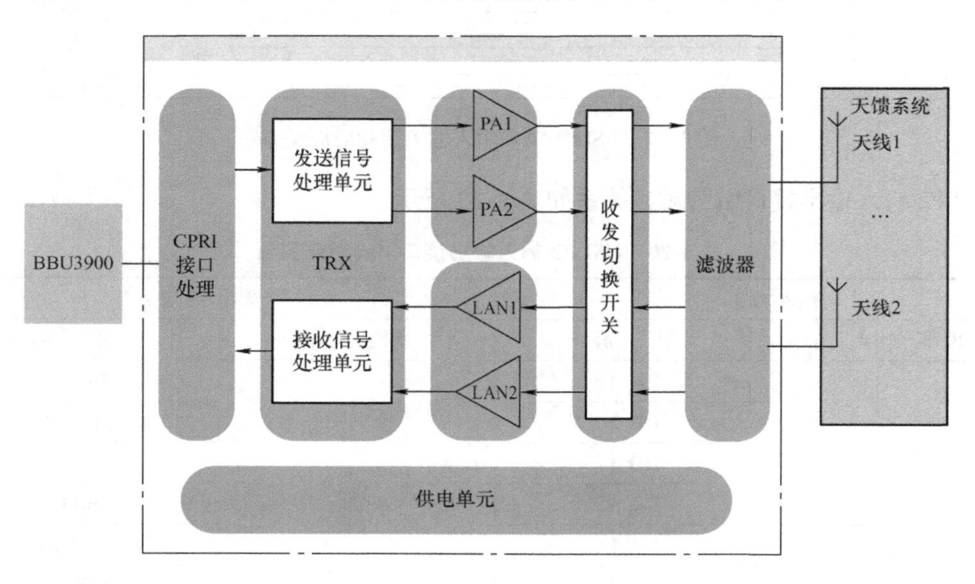

图 3-18　RRU 逻辑结构

1）CPRI 接口处理：接收 BBU 发送的下行基带数据，并向 BBU 发送上行基带数据，实现 RRU 与 BBU 的通信。

2）供电单元：将输入 -48V 电源转换为 RRU 各模块需要的电源电压。

3）TRX：包括两路上行射频接收通道、两路下行射频发射通道和一路反馈通道。接收通道将接收信号下变频至中频信号，并进行放大处理、模-数转换（A-D 转换）。发射通道完成下行信号滤波、数-模转换（D-A 转换）、射频信号上变频至发射频段。反馈通道协助完成下行功率控制、数字预失真以及驻波测量。

4）PA（Power Amplifier，功率放大器）：对来自 TRX 的小功率射频信号进行放大。

5）LNA（Low Noise Amplifier，低噪声放大器）：将来自天线的接收信号进行放大。

6）收发切换开关：TDD RRU 采用时分双工工作模式，收发切换开关用于射频信号的上下行模式切换。

3.2.2 RRU 硬件设备

常见的 RRU 硬件设备类型有 3151e-fae、3152-e、3158e 和 3233 等，它们支持的射频通道数、最大载波以及单端口功率等参数取值如表 3-21 所示。

表 3-21 RRU 种类对比

项　目	DRRU 3151e-fae	DRRU 3152-e	DRRU 3158e	DRRU 3233
射频通道数	2	2	8	8
最大载波	FA：2*20MHz TDL+6C TDS E：2*20MHz TDL+6C TDS	E：2*20MHz	FA：2*20MHz TDL+6C TDS	D：1*20MHz
单端口功率	50W	50W	8×16W	8×10W

1. DRRU3151e-fae

RRU3151e-fae 支持室内共模基站，通过使用合路器可以同时支持 TD-SCDMA 和 TD-LTE。

RRU3151e-fae 不能和 LBBPc 单板共用，只能和 LBBPd 单板配合使用。

RRU3151-fae 支持 4 级级联（2×20MHz 场景）、6 级级联（1×20MHz 场景），禁止 7 级级联。但考虑后续演进，1×20MHz 的场景也建议 4 级级联。

RRU3151e-fae 外形图如图 3-19 所示。

工作频段为 F 频段（1880~1915MHz）、A 频段（2010~2025MHz）、E 频段（2320~2370MHz）。

ANT0_FA 射频通道发射功率为 30W，ANT1_E 射频通道发射功率为 50W。支持双模，最大支持载波带宽为 FA：2×20MHz TDL 和 6C TDS，E：2×20MHz TDL 和 6C TDS。供电采用 AC/DC 两种。RRU3251e-fae 端口如表 3-22 所示。

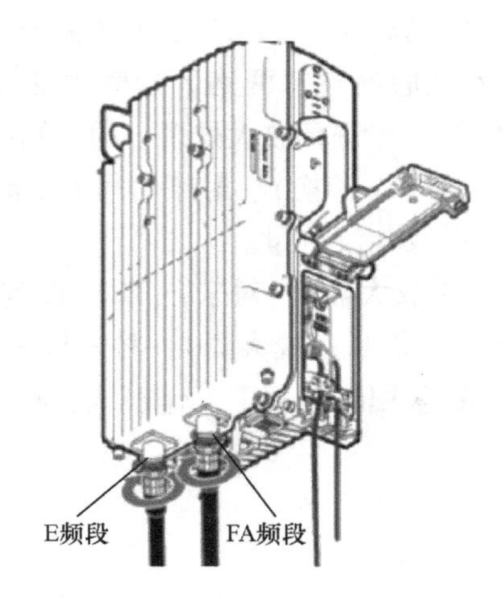

图3-19　RRU3151e－fae外形图

表3-22　RRU3251e－fae端口

编号	项　目	接　口	说　明
1	免螺钉配线腔面板	CPRI0/IR0	0号Ir端口，用于连接光纤
		CPRI1/IR1	1号Ir端口，用于连接光纤
2	底部面板	ANT0_FA	射频接口，用于下行信号输出/上行信号输入
		ANT1_E	
		航空头	电源输入接口，用于交流电源输入
		RET/EXT_ALM	DB9接口，用于监控告警

2. RRU3152－e

RRU3152－e的工作频段为E频段，即2300～2400MHz，输出功率为2×50W，尺寸大小为390mm×210mm×135mm。支持TDL单模，支持2×20MHz小区，最大级联不超过2级，供电采用AC/DC两种，但采用交流型时需要使用AC/DC转换器。

RRU3152－e面板如图3-20所示：①底部接口中ANT0_E和ANT1_E均为射频接口，用于下行信号输出/上行信号输入；RET/EXT_ALM为DB9接口，用于监控告警。②配线腔面板部分中TX RX CPRI0和TX RX CPRI1为光纤接口。③指示灯面板中RUN表征硬件的运行状态，ALM为告警指示灯，ACT为主用状态指示灯，VSWR为驻波比告警指示灯，CPRI0和CPRI1为CPRI光纤传输状态指示灯。

3. RRU3158e

RRU3158e的工作频段为F（1880～1915MHz）、A（2010～2025MHz）频段，输出功率为8×16W，尺寸大小为545mm×300mm×130mm。支持双模，最大支持载波带宽为2×20MHz TDL和6C TDS，供电采用DC－48V。

RRU3158e面板如图3-21所示

RRU3158e面板上部分接口如表3-23所示。

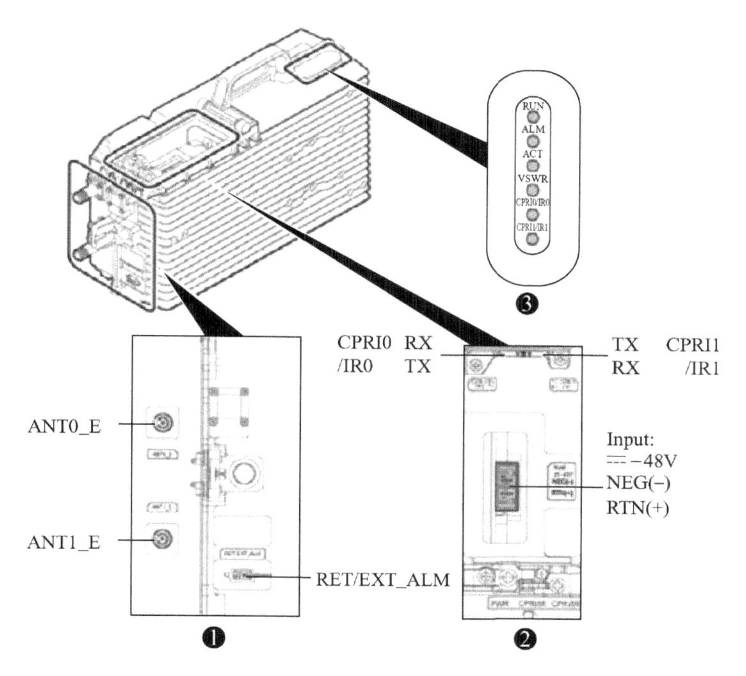

图 3-20 RRU3152－e 面板

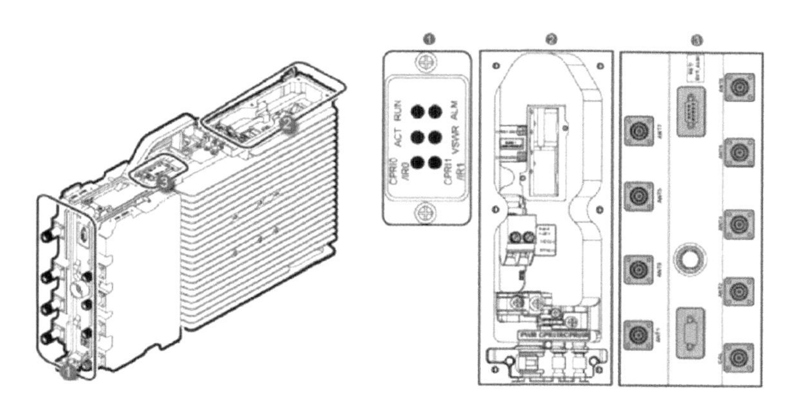

图 3-21 RRU3158e 面板

表 3-23 RRU3158e 面板上部分接口

项　　目	接 口 标 识	说　　明
底部接口	ANT1 ~ ANT8	发送/接收射频接口
	RS485/EXT_ALM	电调天线接口
配线腔接口	TX RX CPRI0/IR0	光纤接口
	TX RX CPRI1/IR1	
	RTN(+)0	电源接口
	NEG(−)0	
	ETH	近端维护接口

4. RRU3233

RRU3233 的工作频段为 D（2570 ~ 2620MHz）频段，输出功率为 8 × 10W。支持单模，支持 1 × 20MHz 小区，供电采用 DC48V。

RRU3233 面板如图 3-22 所示，其面板上的接口含义同 RRU3158e。区别在于 RRU3158e 比 RRU3233 多一个射频校准口。

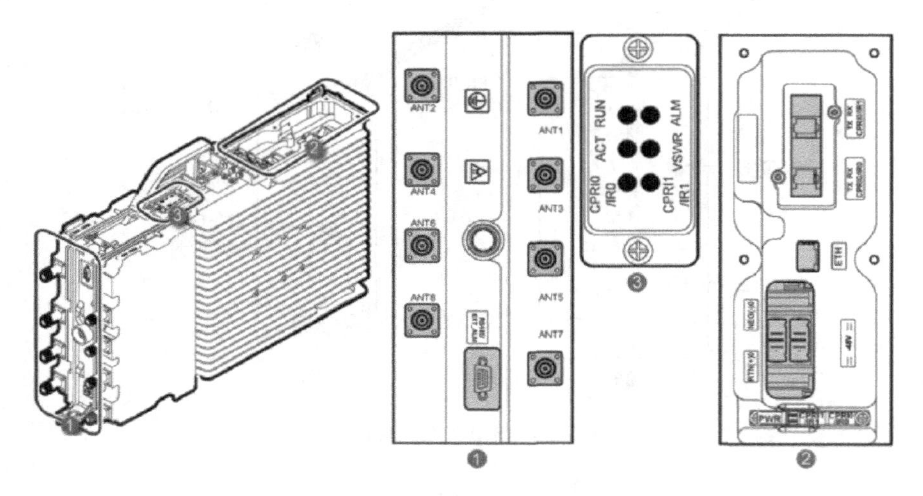

图 3-22　RRU3233 面板

3.3　eNodeB TD－LTE 应用场景配置

3.3.1　室外站点典型配置

典型配置一：室外 3 ×（20M/F +4C/FA）共模

室外站 3 ×（20M/F +4C/FA）表示三个扇区站点，支持 8T8R，20M/F 表示 TD－LTE 侧每个扇区带宽为 20MHz，工作在 F 频段；4C/FA 表示 TD－SCDMA 侧站型为 S4/4/4，工作在 FA 频段，即每个扇区支持 4 个 FA 频段的载波。

依据工作频段，选用 RRU3158e－fa，它支持 FA 共模室外组网，最大支持 2 ×20MHz。

若选用 LBBPc 进行组网，需要配置 3 块 LBBPc。使用 LBBPc 组网时，必须配置双光口双光纤连接，因为 LBBPc 单板最大支持 6.144Gbit/s，连接示意图如图 3-23 所示。

若选用 LBBPd 进行组网，仅需要配置 1 块 LBBPd。连接示意图如图 3-24 所示。

F 频段共模场景优先在 slot2 出光口，但基带板数量超过 4 块或 LBBPd 单板数量超过 2 块，须加配 UPEUc，更换 FANc。

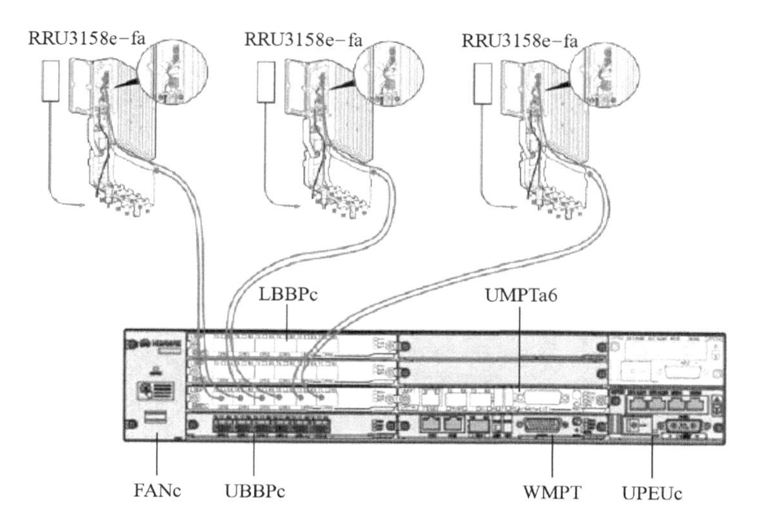

图 3-23　连接示意图（使用 LBBPc）

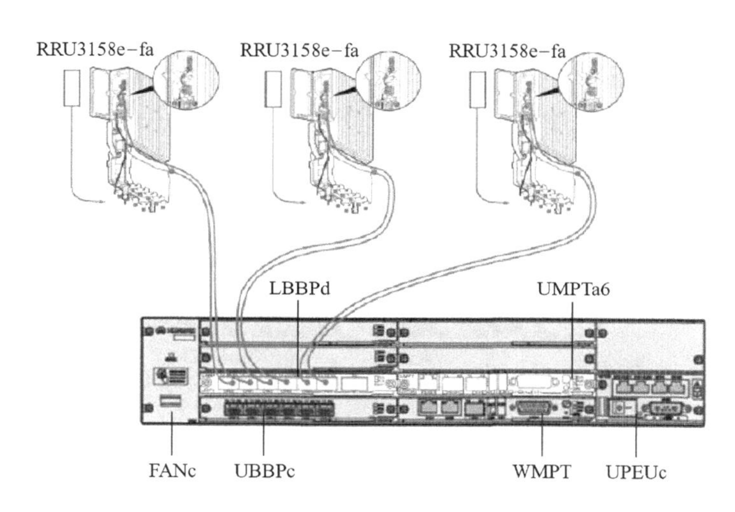

图 3-24　连接示意图（使用 LBBPd）

典型配置二：新建室外 3 ×20M/D

其中 3 表示三个扇区站点，20M/D 表示 TD－LTE 侧每个扇区带宽为 20MHz，工作在 D 频段。

依据工作频段为 D 频段，且为单模室外站，即 RRU 选用 RRU3233，支持 1 ×20MHz。

若选用 LBBPc 进行组网，需要配置 3 块 LBBPc。使用 LBBPc 组网时，Slot0/1/2 基带板分别使用双光纤独立连接。连接示意图如图 3-25 所示。

若选用 LBBPd 进行组网，仅需要配置 1 块 LBBPd。使用 LBBPd 组网时，Slot4/5 基带板使用 3 对双光纤汇聚连接。连接示意图如图 3-26 所示。

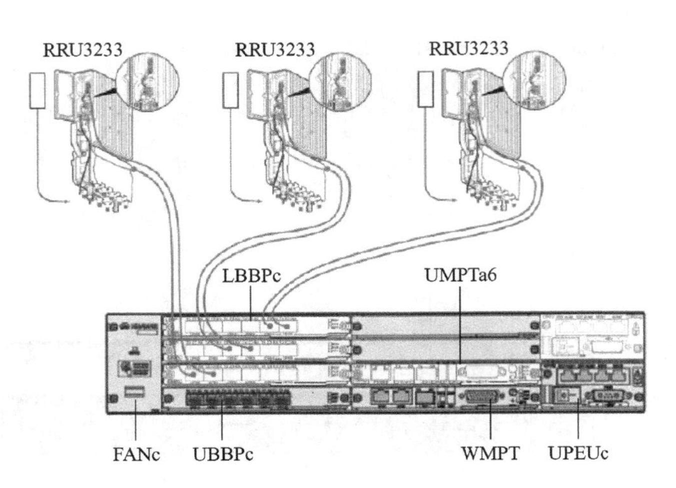

图 3-25　连接示意图（使用 LBBPc）

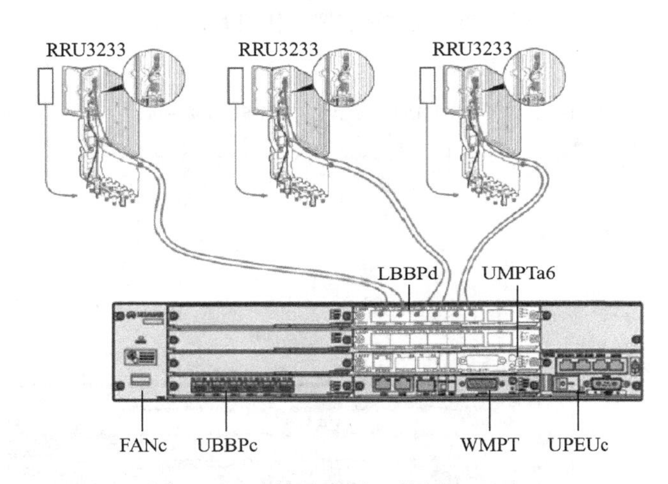

图 3-26　连接示意图（使用 LBBPd）

3.3.2　室内站点典型配置

典型配置一：室内 20M/E +12C/FA

20M/E 表示 TD - LTE 侧的全向小区带宽为 20MHz，工作在 E 频段；12C/FA 表示 TD - SCDMA 侧全向小区支持 12 载波，即 O12。

依据工作频段，选用 DRRU3151e - fae。

必须使用 LBBPd 基带板，因为 LBBPc 不支持 DRRU3151e - fae。连接示意图如图 3-27 所示。

典型配置二：室内 20M/E

20M/E 表示 TD - LTE 侧的全向小区带宽为 20MHz，工作在 E 频段。

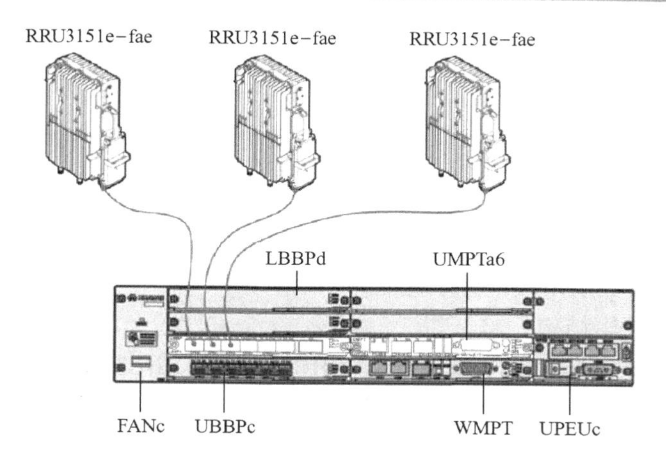

图 3-27 连接示意图

依据工作频段和单模工作模式，选用 DRRU3152 - e。

若选用 LBBPc 进行组网，Slot0/1/2 基带板分别使用双光纤独立连接。连接示意图如图 3-28 所示。

若选用 LBBPd 进行组网，Slot2 基带板使用光纤汇聚连接。连接示意图如图 3-29 所示。

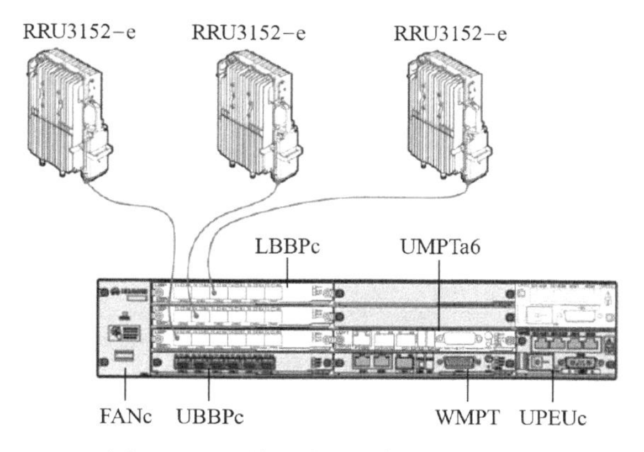

图 3-28 连接示意图（使用 LBBPc）

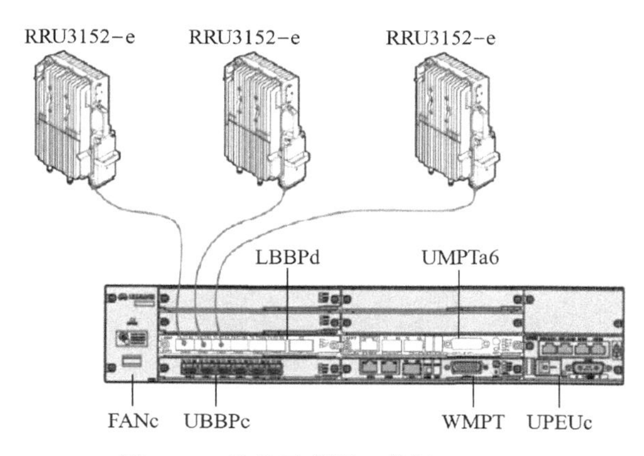

图 3-29 连接示意图（使用 LBBPd）

课后习题：

1. 简述 BBU 基带处理单元的功能。
2. 简述 BBU3900 的逻辑结构。
3. 画出 BBU3900 典型单板配置示意图。
4. 简述 RRU 的逻辑结构。
5. 比较 RRU3151e - fae、RRU3152 - e、RRU3158e 和 RRU3233。
6. 已知现网一室内站点需要将 TDS 基站改造成 TDS + TDL 双模基站，要求原有 TDS 基站支持 F + A 组网，使用 RRU3151e - fae，现 TDL 规划频段为 F 频段室内覆盖，请给出组网规划示意图。

第 4 章　DBS3900 单站数据配置

4.1　数据配置准备

TD－LTE 网络扁平化，无线资源管理类功能由 eNodeB 来实现，用户终端通过 eNodeB 设备在高层直接与核心交换网络实现对话，完成快速数据交换业务。LTE 网络组网拓扑如图 4-1 所示。

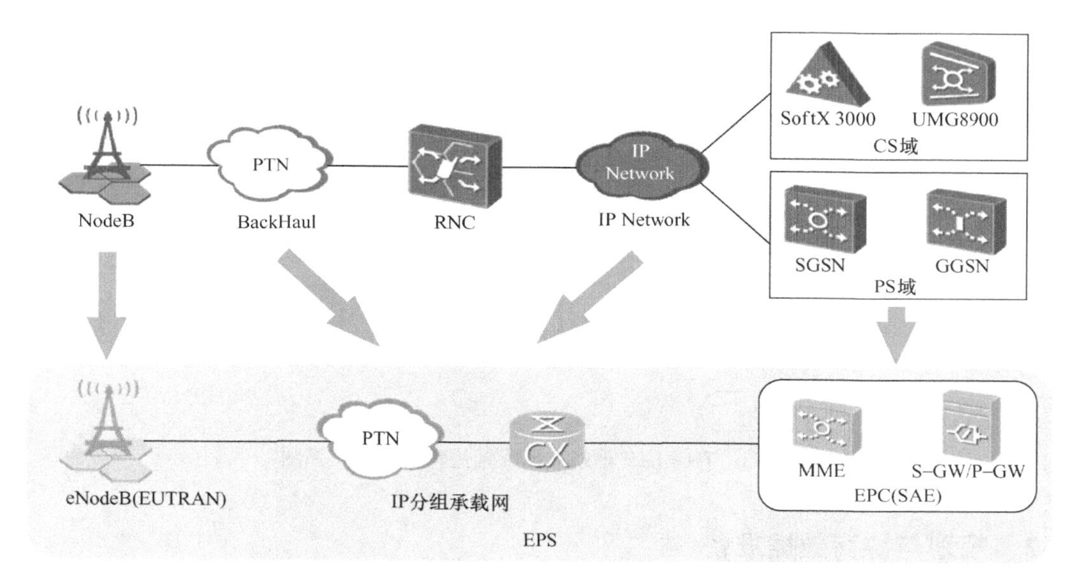

图 4-1　LTE 网络组网拓扑

无线设备数据配置主体为 eNodeB，其配置数据包含以下三方面内容：

全局设备数据配置——配置 eNodeB 所属的 EPC 运营商信息，eNodeB 使用单板、RRU 设备信息；

传输数据配置——配置 eNodeB 传输 S1/X2/OMCH 对接接口信息；

无线全局数据配置——配置空口扇区、小区信息。

4.1.1　配置流程与承接关系

TD－LTE 单站数据配置流程与承接关系图如图 4-2 所示。

从图中可以看出，LTE 单站数据配置内容主要有三部分内容：配置全局设备数据、配置单站传输数据和配置无线层数据。

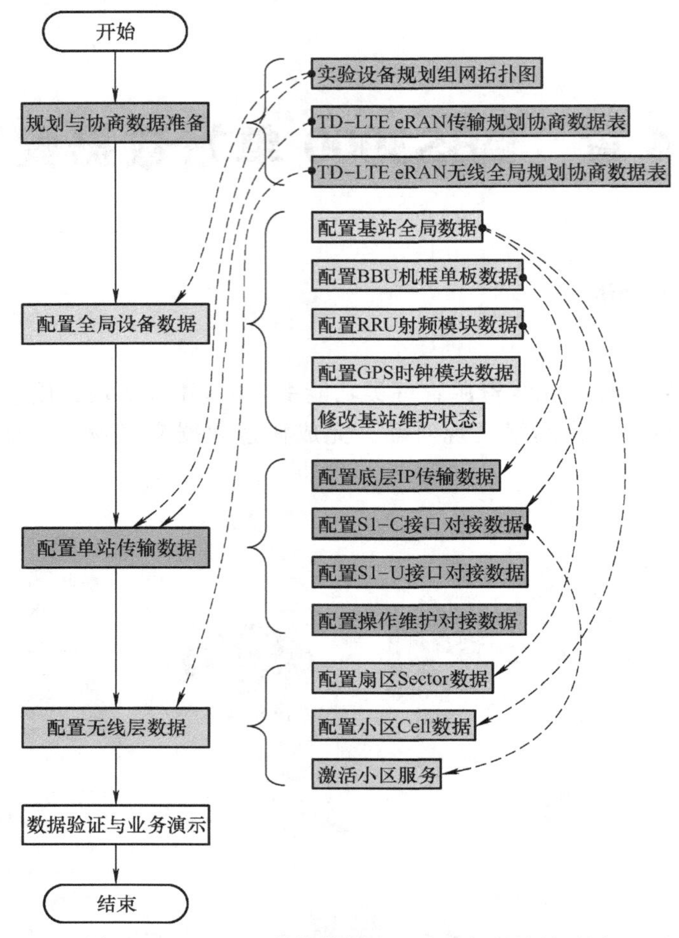

图 4-2　TD－LTE 单站数据配置流程与承接关系图

4.1.2　规划与协商数据准备

1. 设备规划组网拓扑

直观了解 EPS 网络基本的组网情况与对接业务流情况，用于进行设备数据、传输数据配置。EPS 实验网络基本组网结构如图 4-3 所示。

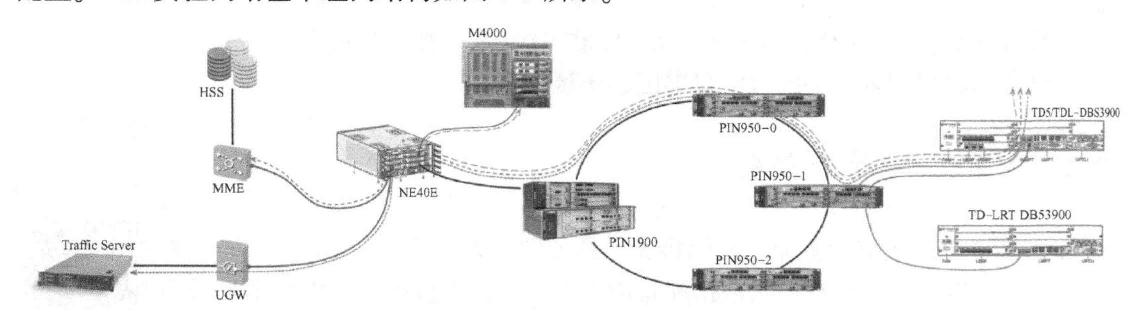

图 4-3　EPS 实验网络基本组网结构图

实验室传输网络采用 PTN + CE 的方案，目前实验网采用此方案进行组网承载。实验网络基础站点硬件配置结构如图 4-4 所示。

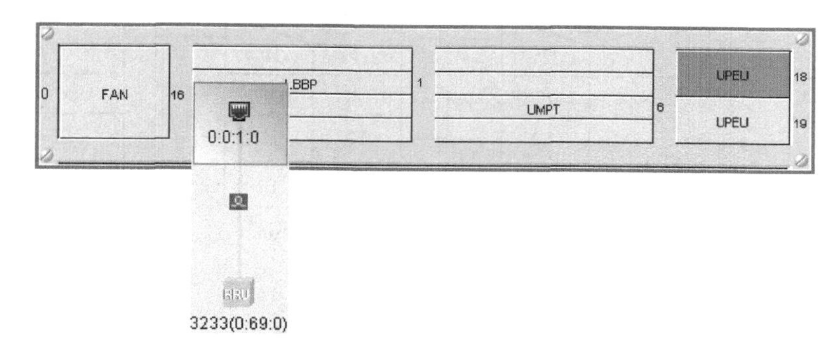

图 4-4　实验网络基础站点硬件配置结构图

实验网络基础站型采用 1 * UMPT + 1 * LBBPc + 1 * DRRU3233 最简配置，单站数据配置以此为基础。

2. 传输规划协商数据表

传输规划协商数据表用于传输接口对接配置，单站配置重点包括 eNodeB 到 MME 的 S1 - C 接口、eNodeB 到 SGW/UGW 的 S1 - U 接口。多个 eNodeB 之间的互联 X2 接口，在数据配置规范课程中进行描述与上机操作。

主要配置参数参考接口协议栈，包含底层物理端口属性、以太网层 VLAN、网络层 IP 与路由、高层 S1 - C 信令承载链路、S1 - U 用户数据承载链路。S1 - C 控制面协议栈如图 4-5 所示。

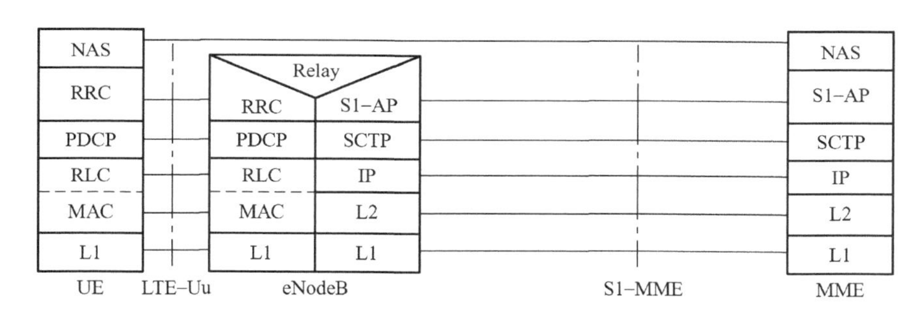

图 4-5　S1 - C 控制面协议栈

与 MME 对接只存在信令交互，传输层采用 SCTP 传输协议来承载 S1 接口信令链路 S1 - AP。

与 SGW/UGW 对接只存在用户数据交互，高层建立 GTP - U 隧道来传递用户数据，传输层采用传输效率更高的 UDP 协议来进行链路承载。S1 - U 用户面协议栈如图 4-6 所示。

在接口对接数据协商过程中，底层对接协商路由数据、IP&VLAN 数据需要与传输岗位人员进行协商获取，高层对接协商数据 SCTP 链路参数需要与核心网岗位人员进行协商获取。

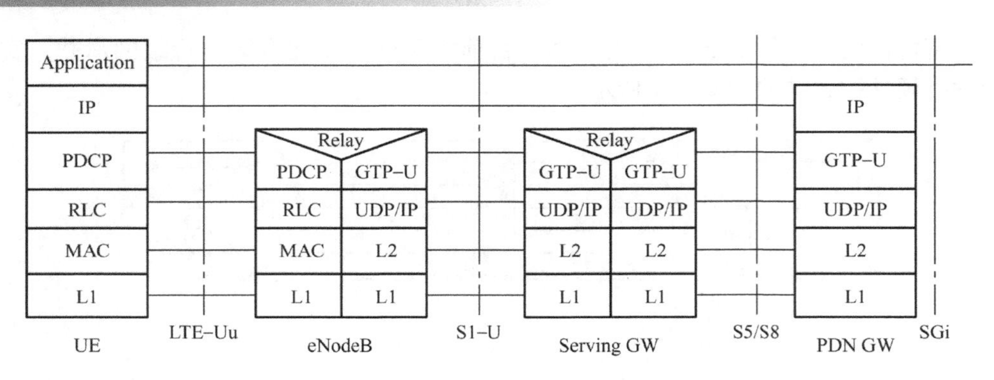

图 4-6　S1－U 用户面协议栈

3. 全局规划协商数据表

用于无线空口资源的全局规划，配置重点包括 Sector 扇区资源配置、Cell 小区资源配置以及全局运营商信息配置。邻区配置工作主要由网优工程师来完成，内容将在多站配置规范课程中进行描述与实际操作。

Sector 是指覆盖一定地理区域的最小无线覆盖区。每个扇区使用一个或多个载频（Radio Carrier）完成无线覆盖，每个无线载频使用某一载波频点（Frequency）。扇区和载频组成了提供 UE 接入的最小服务单位，即小区（Cell），小区与扇区载频是一一对应的关系。

TD－SCDMA 站型表示方式采用 S*x*/*x*/*x* 表示，如 S6/6/6 表示 3 个扇区，每扇区有 6 个载频，而 TD－SCDMA 的小区就是指扇区。

TD－LTE 站型表示方式采用 $A \times B$，A 表示扇区数，B 表示每个扇区的载频数。比如 3×2 配置站型整个圆形区域分为 3 个扇区（Sector 0/1/2）进行覆盖，每扇区使用 2 个载频，每个载频组成一个小区，共 6 个小区。扇区、载频和小区之间的关系如图 4-7 所示。

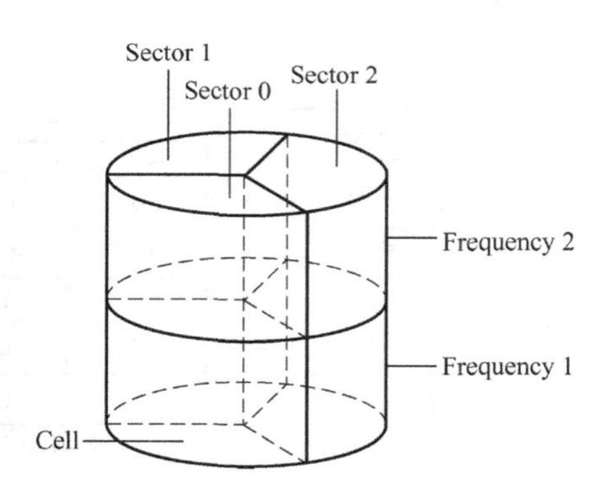

图 4-7　扇区、载频和小区之间的关系

一个 TD－LTE 基站支持的小区数由“扇区数×每扇区载频数”确定。扇区分为全向扇区和定向扇区。全向扇区常用于室内分布系统、低话务量覆盖，它以全向收发天线为圆心，覆盖 360°的圆形区域。当覆盖区域的话务量较大时使用定向扇区，定向扇区由多副定向天线完成各自区域的覆盖，如 3 扇区每副定向天线覆盖 120°的扇形区域，典型使用场景为室外宏站场景。

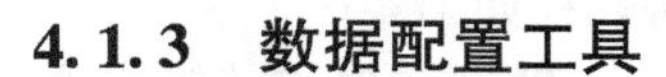

4.1.3　数据配置工具

1. 离线 MML 脚本制作工具

Offline－MML 工具用于不在线登录到现网设备的情况下，在本地计算机上模拟运行

MML 命令执行模块，可制作、保存 eNodeB 配置数据脚本，离线 MML 登录界面如图 4-8 所示，离线 MML 配置界面如图 4-9 所示。

图 4-8 TD－LTE 离线 MML 登录界面

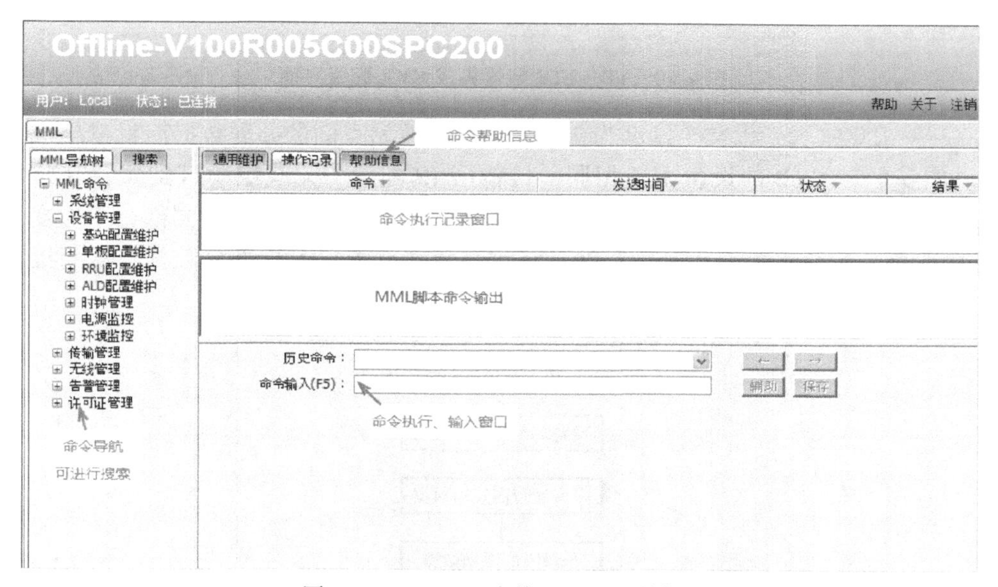

图 4-9 TD－LTE 离线 MML 配置界面

Offline－MML 工具通常仅用于 MML 命令、参数查询使用，现网站点批量配置采用 CME 工具。

2. CME 批量数据制作工具

CME 软件是一款现网常用的高效批量规划开站工具，可实现同站型通过导入差异化数据，批量生成基站开站脚本数据。网管集成 CME 配置界面如图 4-10 所示。

图 4-10　TD-LTE 网管集成 CME 配置界面

Summary 采集工具，以某个站型为蓝本，通过修改站点间的差异数据而批量生成新的站点数据。如多个 eNodeB 的设备配置相同，传输层 IP 配置、无线层小区配置存在差异，在 Summary 采集表中将差异数据体现出来。批量生成站点配置数据时，相同部分不做变动，导入 CME 时会将以第一个站点为基础数据来修改其他站点配置差异部分数据，从而批量新建站点。批量生成基站开站流程如图 4-11 所示。

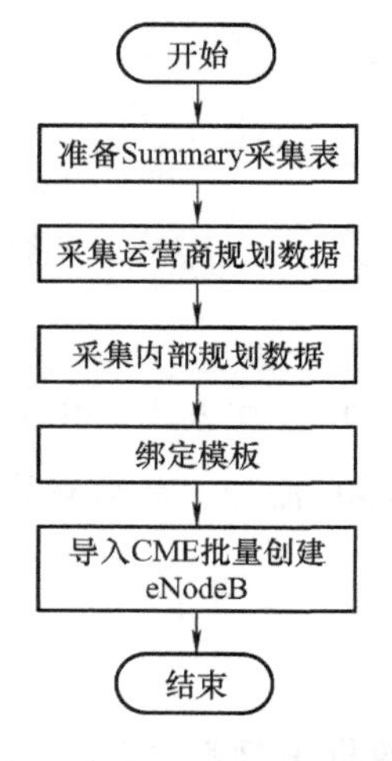

图 4-11　批量生成基站开站流程

4.2　全局设备数据配置

4.2.1　1×1 基础站型硬件配置

BBU3900 机框配置如图 4-12 所示。

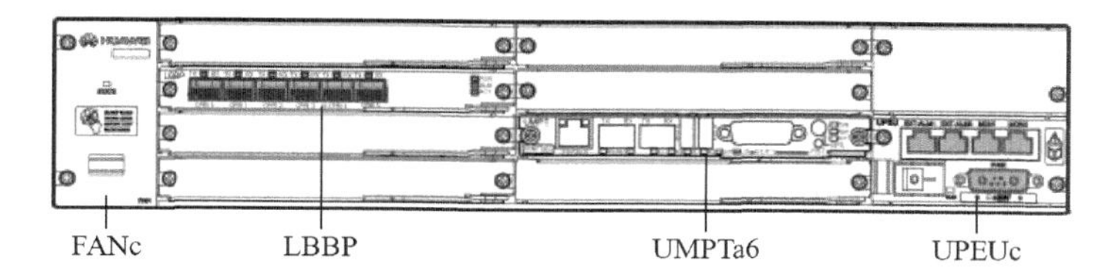

图 4-12　BBU3900 机框配置

BBU&RRU 设备连接拓扑如图 4-13 所示。

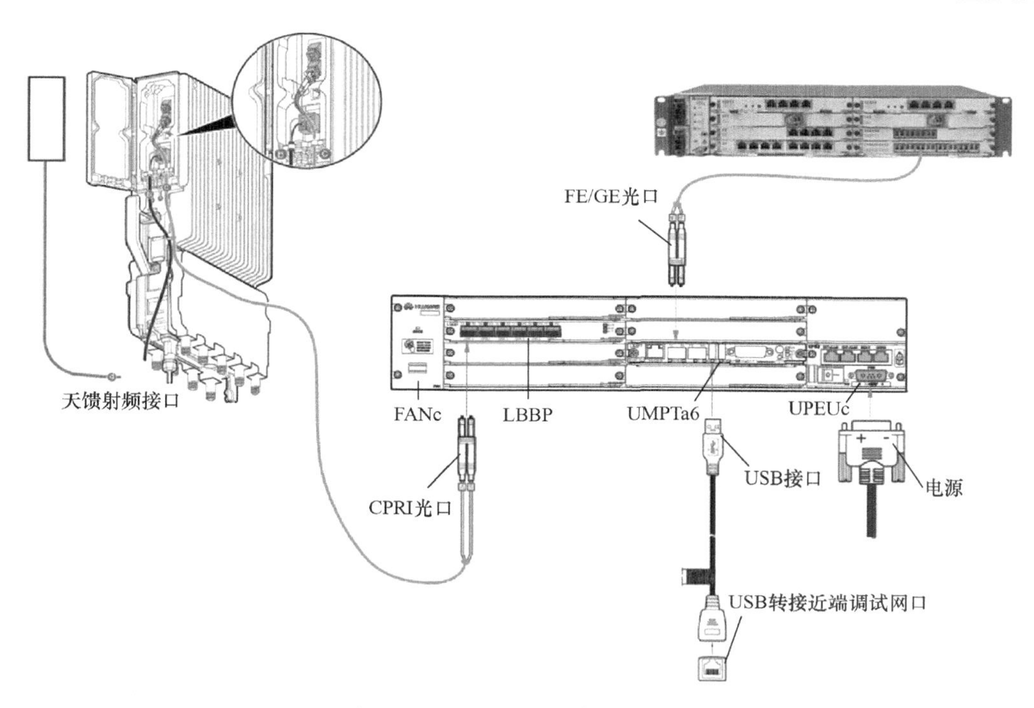

图 4-13　BBU&RRU 设备连接拓扑

4.2.2　全局设备数据配置流程

单站全局设备数据配置流程图如图 4-14 所示。

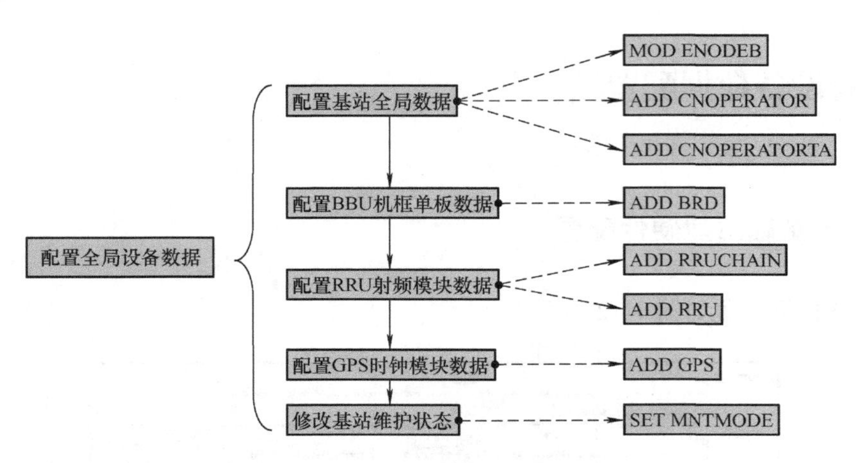

图 4-14　单站全局设备数据配置流程图

4.2.3　全局设备数据配置 MML 命令集

单站全局设备数据配置命令功能如表 4-1 所示。

表 4-1　单站全局设备数据配置命令功能表

命令 + 对象	MML 命令用途	命令使用注意事项
MOD ENODEB	配置 eNodeB 基本站型信息	基站标识在同一 PLMN 中唯一；基站类型为 DBS3900_LTE；BBU - RRU 接口协议类型：CPRI 采用华为私有协议（TDL 单模常用），TD_IR 采用 CMCC 标准协议（TDS - TDL 多模常用）
ADD CNOPERATOR	增加基站所属运营商信息	国内 TD - LTE 站点归属于一个运营商，也可以实现多运营商共用无线基站共享接入
ADD CNOPERATORTA	增加跟踪区 TA 信息	TA（跟踪区）相当于 2G/3G 中 PS 的路由区
ADD BRD	添加 BBU 单板	主要单板类型：UMPT/LBBP/UPEU/FAN，LBBPc 支持 FDD 与 TDD 两种工作方式，TD - LTE 基站选择 TDD（时分双工）
ADD RRUCHAIN	增加 RRU 链环确定 BBU 与 RRU 的组网方式	可选组网方式：链型/环型/负荷分担
ADD RRU	增加 RRU 信息	可选 RRU 类型：MRRU/LRRU，MRRU 支持多制式，LRRU 只支持 TDL 制式
ADD GPS	增加 GPS 信息	现场 TDL 单站必配，TDS - TDL 共框站点可从 TDS 系统 WMPT 单板获取
SET MNTMODE	设置基站工程模式	用于标记站点告警，可配置项目：普通/新建/扩容/升级/调测（默认出厂状态）

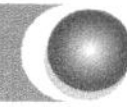

4.2.4 全局设备数据配置步骤

1. 配置 eNodeB 与 BBU 单板数据

步骤 1：打开 Offline - MML 工具，在命令输入窗口执行 MML 命令。MOD ENODEB 命令参数输入如图 4-15 所示。

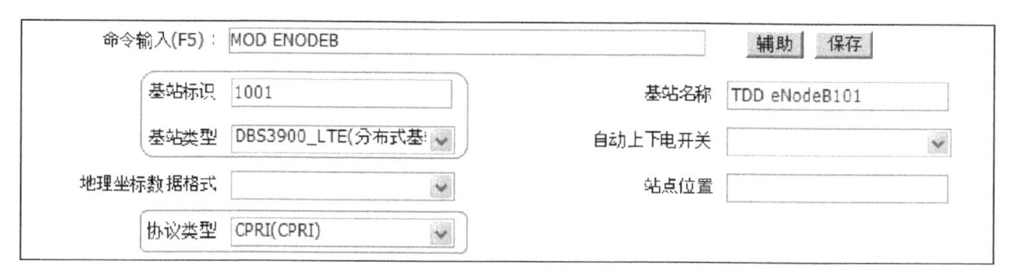

图 4-15 MOD ENODEB 命令参数输入

MOD ENODEB 命令重点参数说明：

- 基站标识：在一个 PLMN 内编号唯一，是小区全球标识 CGI 的一部分。
- 基站类型：TD - LTE 只采用 DBS3900_LTE（分布式基站）类型。
- 协议类型：CPRI 表示华为私有通信协议，TDL 单模建网时使用；TDL_IR 表示 CMCC 定义的 IR 通信协议，TDL 多模建网时使用。

命令脚本示例：

MOD ENODEB：ENODEBID = 1001，NAME = " TDD eNodeB101 "，ENBTYPE = DBS3900_LTE，PROTOCOL = CPRI；

步骤 2：首次执行 MML 命令时，会弹出保存窗口进行脚本保存，继续执行命令会自动追加保存在此脚本文件中。MML 命令脚本保存窗口如图 4-16 所示。

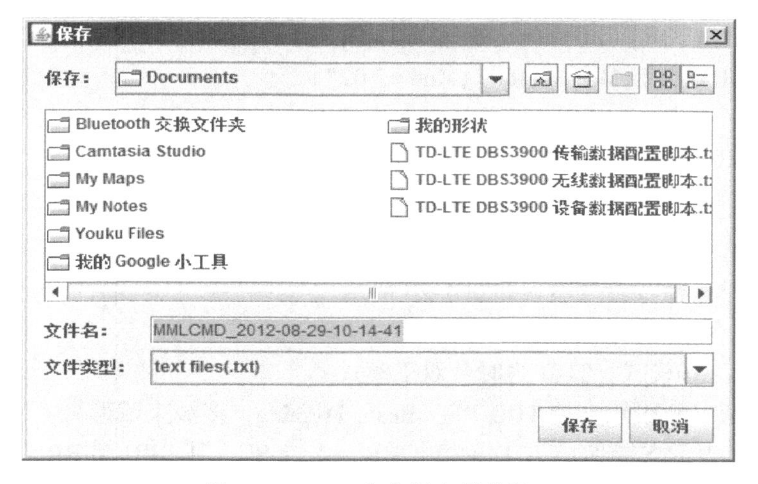

图 4-16 MML 命令脚本保存窗口

步骤3：增加基站所属运营商配置信息。增加运营商信息参数输入如图4-17所示。

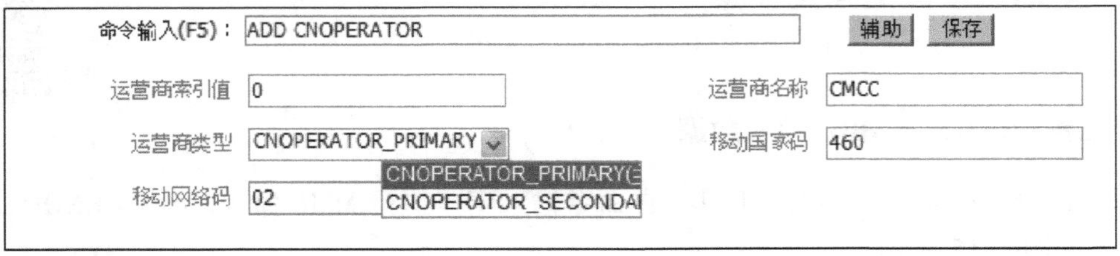

命令输入(F5)： ADD CNOPERATOR 辅助 保存
运营商索引值 0 运营商名称 CMCC
运营商类型 CNOPERATOR_PRIMARY 移动国家码 460
移动网络码 02 CNOPERATOR_PRIMARY(CNOPERATOR_SECONDA

图4-17 增加运营商信息参数输入

增加跟踪区域信息参数输入如图4-18所示。

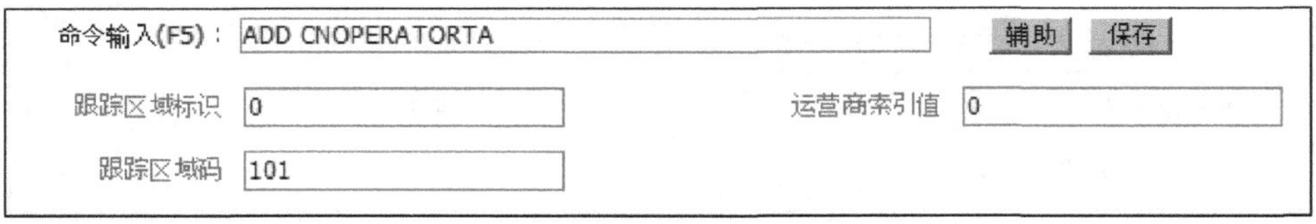

命令输入(F5)： ADD CNOPERATORTA 辅助 保存
跟踪区域标识 0 运营商索引值 0
跟踪区域码 101

图4-18 增加跟踪区域信息参数输入

ADD CNOPERATOR/ADD CNOPERATORTA 命令重点参数说明：

- 运营商索引值：范围0～3，最多可配置4个运营商信息。
- 运营商类型：与基站共享模式配合使用，当基站共享模式为独立运营商模式时，只能添加一个运营商且必须为主运营商；当基站共享模式为载频共享模式时，添加主运营商后，最多可添加3个从运营商。
- 后续配置模块中通过运营商索引值、跟踪区域标识来索引绑定站点信息所配置的全局信息数据。
- 移动国家码、移动网络码、跟踪区域码：需要与核心网 MME 配置协商一致。
- 通过 MOD ENODEBSHARINGMODE 命令可修改基站共享模式。

命令脚本示例：

//增加主运营商配置信息

ADD CNOPERATOR: CnOperatorId = 0, CnOperatorName = "CMCC", CnOperatorType = CNOPERATOR_PRIMARY, Mcc = "460", Mnc = "02";

//增加跟踪区信息

ADD CNOPERATORTA: TrackingAreaId = 0, CnOperatorId = 0, Tac = 101;

步骤4：执行 MML 命令增加 BBU 单板：

增加 LBBP 单板命令参数输入如图4-19所示。

增加 UMPT 单板命令参数输入如图4-20所示。

ADD BRD 命令重点参数说明：

- LBBP 单板工作模式：TDD 为时分双工模式。
- TDD_ENHANCE 表示支持 TDD BF（Beam Forming，多波束赋形）。
- TDD_8T8R 表示支持 TD－LTE 单模 8T8R，支持 BF，其 BBU 和 RRU 之间的接口协议为 CPRI 接口协议。

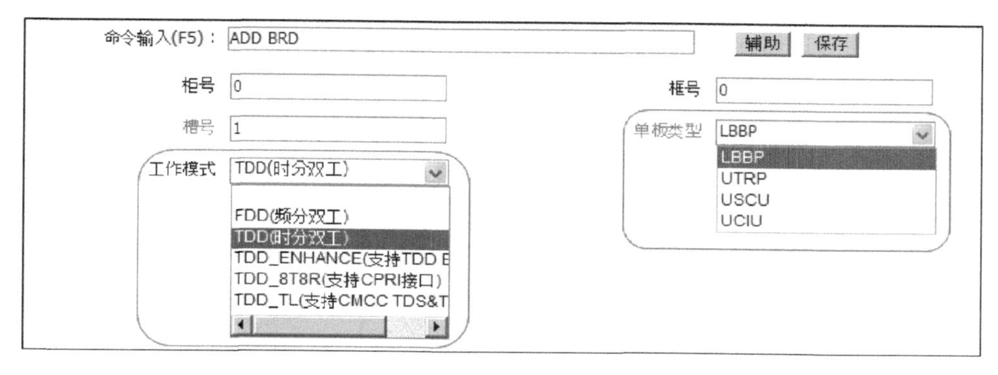

图 4-19 增加 LBBP 单板命令参数输入

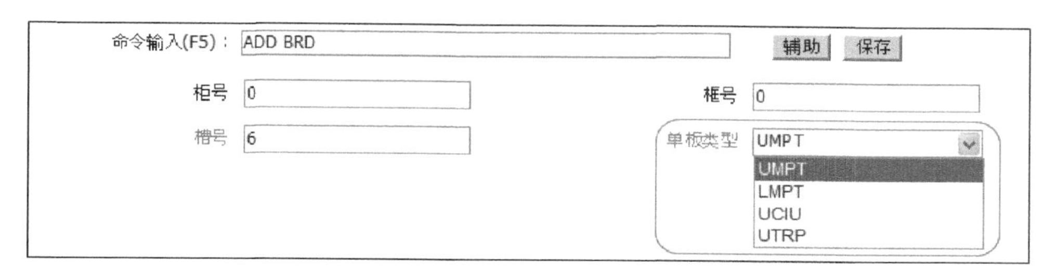

图 4-20 增加 UMPT 单板命令参数输入

- TDD_TL 表示支持 TD-LTE&TDS-CDMA 双模或者 TD-LTE 单模，包括 8T8R BF 以及 2T2R MIMO，其 BBU 和 RRU 之间采用 CMCC TD-LTE IR 协议规范。
- UMPT 单板增加命令执行成功后会要求单板重启动加载，维护链路会中断。

命令脚本示例：

ADD BRD：SRN=0，SN=1，BT=LBBP，WM=TDD；

ADD BRD：SRN=0，SN=16，BT=FAN；

ADD BRD：SRN=0，SN=19，BT=UPEU；

ADD BRD：SRN=0，SN=6，BT=UMPT；

2. 配置 RRU 设备数据

步骤 1：增加 RRU 链环数据。增加 RRU 链环命令参数输入如图 4-21 所示。

ADD RRUCHAIN 命令重点参数说明：

- 组网方式：CHAIN（链型）、RING（环型）、LOADBALANCE（负荷分担）。
- 接入方式：本端端口表示 LBBP 通过本单板 CPRI 与 RRU 连接；对端端口表示 LBBP 通过背板汇聚到其他槽位基带板与 RRU 连接。
- 链/环头槽号、链/环头光口号：表示链环头 CPRI 端口所在单板的槽号/端口号。
- CPRI 线速率：用户设定速率，设置 CPRI 线速率与当前运行的速率不一致时，会产生 CPRI 相关告警。

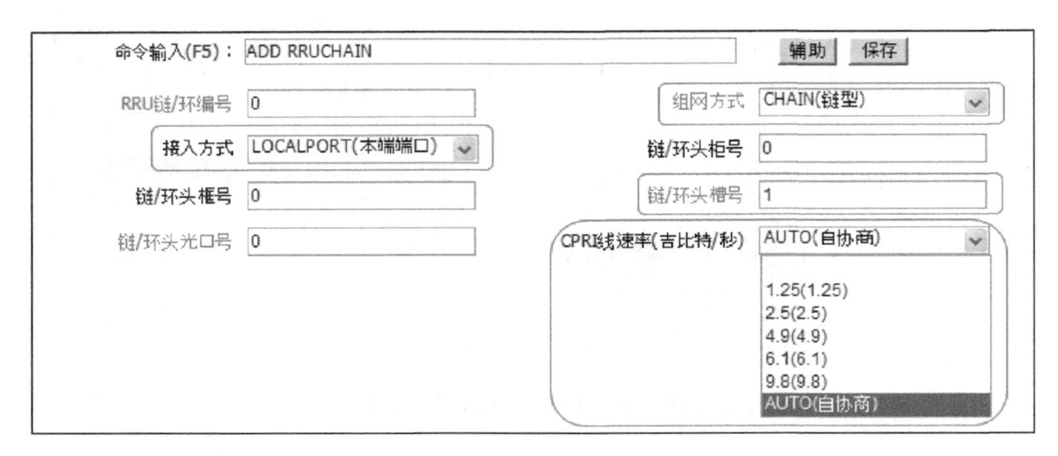

图 4-21　增加 RRU 链环命令参数输入

命令脚本示例：

ADD RRUCHAIN：RCN =0，TT = CHAIN，AT = LOCALPORT，HCN =0，HSRN =0，HSN =3，HPN =0，CR = AUTO；

步骤 2：增加 RRU 设备数据。增加 RRU 设备参数输入如图 4-22 所示。

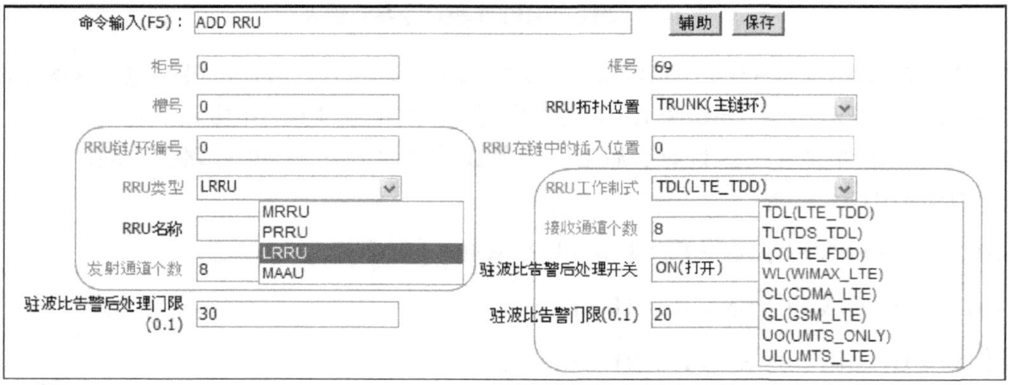

图 4-22　增加 RRU 设备参数输入

ADD RRU 命令重点参数说明：

- RRU 类型：TD - LTE 网络只用 MRRU&LRRU，MRRU 根据不同的硬件版本可以支持多种工作制式，LRRU 支持 LTE_FDD/LTE_TDD 两种工作制式。
- RRU 工作制式：TDL 单站选择 TDL（LTE_TDD），多模 MRRU 可选择 TL（TDS_TDL）工作制式。
- DRRU3233 类型为 LRRU，工作制式为 TDL（LTE_TDD）。

命令脚本示例：

ADD RRU：CN =0，SRN =69，SN =0，TP = TRUNK，RCN =0，PS =0，RT = LRRU，RS = TDL，RXNUM =8，TXNUM =8；

3. 配置 GPS 并修改基站维护状态

步骤 1：增加 GPS 设备信息。增加 GPS 设备参数输入如图 4-23 所示。

图 4-23　增加 GPS 设备参数输入

设置参考时钟源工作模式参数输入如图 4-24 所示。

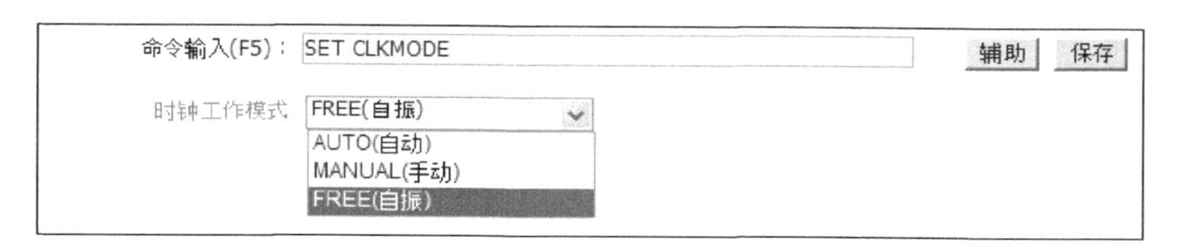

图 4-24　设置参考时钟源工作模式参数输入

ADD GPS/SET CLKMODE 命令重点参数说明：

- GPS 工作模式：支持多种卫星同步系统信号接入。
- 优先级：取值范围 1～4，1 表示优先级最高，现场通常设置 GPS 优先级最高，UMPTa6 单板自带晶振时钟，优先级默认为 0，优先级别最低，可用于测试使用。
- 时钟工作模式：AUTO（自动）、MANUAL（手动）、FREE（自振）。
- 手动模式表示用户手动指定某一路参考时钟源，自动模式表示系统根据参考时钟源的优先级和可用状态自动选择参考时钟源，自振模式表示系统工作于自由振荡状态，不跟踪任何参考时钟源。
- 实验设备设置时钟工作采用自振：SET CLKMODE：MODE = FREE；

命令脚本示例：

```
ADD GPS: SN =6, MODE = GPS, PRI =4;
SET CLKMODE: MODE = FREE;
```

步骤 2：设置基站维护状态。设置基站维护状态参数输入如图 4-25 所示。

SET MNTMODE 命令重点参数说明：

- 工程状态：网元处于特殊状态时，告警上报方式将会改变。

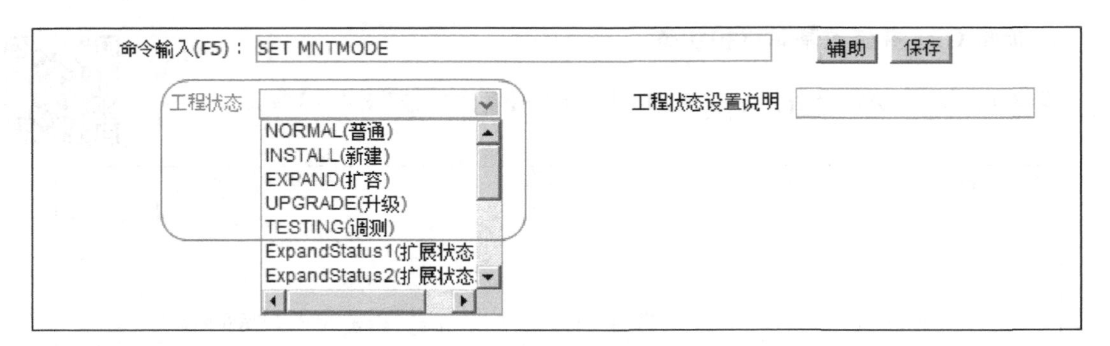

图 4-25　设置基站维护态参数输入

- 主控板重启不会影响工程状态的改变，自动延续复位前的网元特殊状态。
- 设备出厂默认将设备状态设置为“TESTING”（调测）。

命令脚本示例：

SET MNTMODE：MNTMode = INSTALL，MMSetRemark = "实验室新建培训测试站点 101"；

4.2.5　全局设备数据配置脚本示例

//全局配置参数

MOD ENODEB:ENODEBID = 1001，NAME = " TDD eNodeB101"，ENBTYPE = DBS3900_LTE，PROTOCOL = CPRI；

ADD CNOPERATOR：CnOperatorId = 0，CnOperatorName = " CMCC"，CnOperatorType = CNOPERATOR_PRIMARY，Mcc = "460"，Mnc = "02"；

ADD CNOPERATORTA:TrackingAreaId = 0，CnOperatorId = 0，Tac = 101；

// BBU 机框单板数据

ADD BRD：SRN = 0，SN = 1，BT = LBBP，WM = TDD；

ADD BRD：SRN = 0，SN = 16，BT = FAN；

ADD BRD：SRN = 0，SN = 19，BT = UPEU；

ADD BRD：SRN = 0，SN = 6，BT = UMPT；

//增加 UMPT 单板会引起单板复位重启，执行脚本数据时会中断

//RRU、GPS 数据

ADD RRUCHAIN：RCN = 0，TT = CHAIN，AT = LOCALPORT，HCN = 0，HSRN = 0，HSN = 1，HPN = 0，CR = AUTO；

ADD RRU：CN = 0，SRN = 69，SN = 0，TP = TRUNK，RCN = 0，PS = 0，RT = LRRU，RS = TDL，RXNUM = 8，TXNUM = 8；

ADD GPS：SN = 6，MODE = GPS，PRI = 4；

SET CLKMODE:MODE = FREE；

//基站维护状态数据

SET MNTMODE:MNTMode = INSTALL，MMSetRemark = "实验室新建培训测试站点 101"；

4.3 传输数据配置

4.3.1 传输组网

1. eNodeB 网络传输接口

LTE 传输接口主要有 S1 和 X2 接口，eNodeB 网络传输接口如图 4-26 所示。

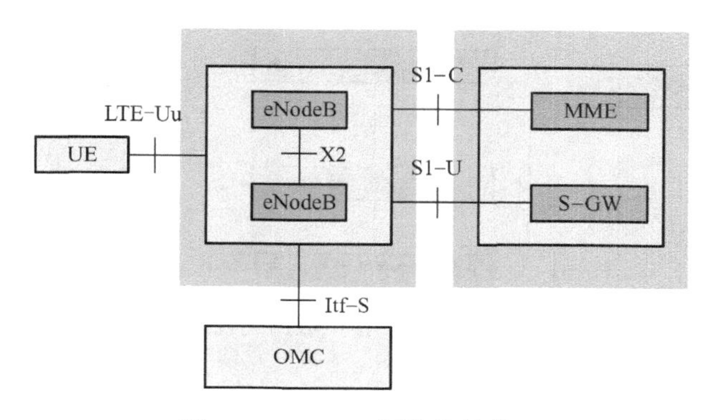

图 4-26 eNodeB 网络传输接口

2. 单站 S1 接口组网拓扑

单站传输接口只考虑维护链路与 S1 接口，包括 S1 - C（信令）、S1 - U（业务数据）。DBS3900 单站传输组网拓扑如图 4-27 所示。

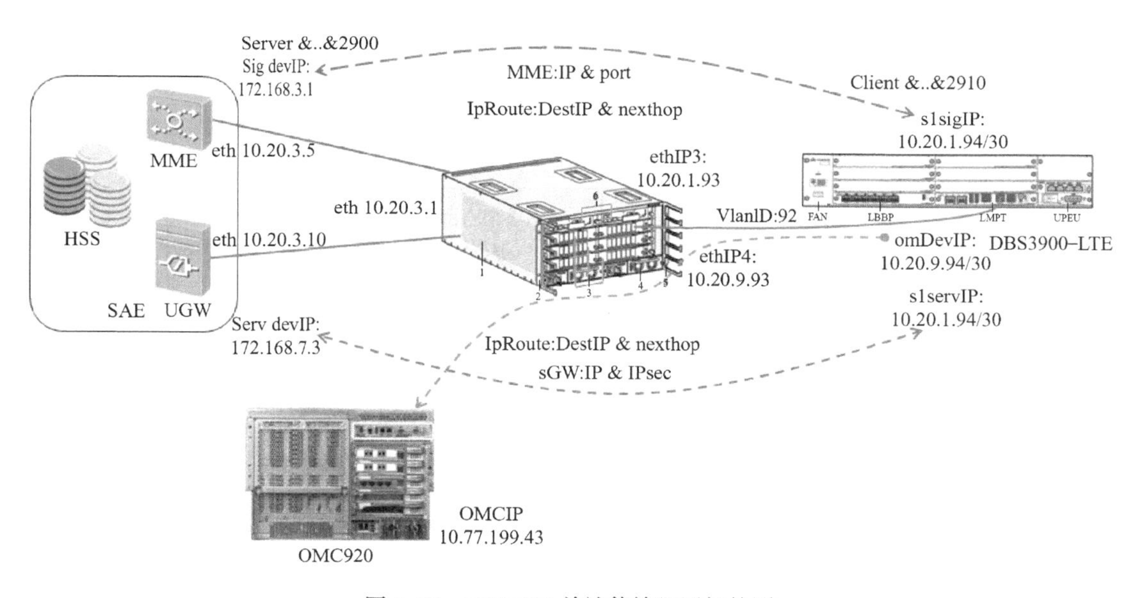

图 4-27 DBS3900 单站传输组网拓扑图

4.3.2　传输数据配置流程

单站传输接口数据配置流程如图4-28所示。

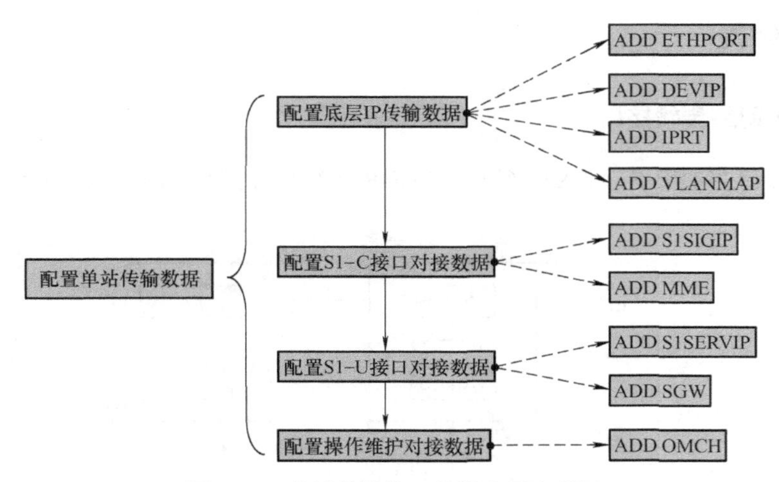

图4-28　单站传输接口数据配置流程图

4.3.3　传输数据MML命令集

单站传输接口数据配置命令集如表4-2所示。

表4-2　单站传输接口数据配置命令集

命令+对象	MML命令用途	命令使用注意事项
ADD ETHPORT	增加以太网端口速率、双工模式、端口属性参数	TD-LTE基站端口配置1Gbit/s速率，采用全双工模式对接新增单板时默认已配置的，不需要新增，使用SET ETHPORT修改
ADD DEVIP	端口增加设备IP地址	每个端口最多可增加8个设备IP，现网规划单站使用IP不能重复
ADD IPRT	增加静态路由信息	单站必配路由有三条：S1-C接口到MME、S1-U接口到UGW、OMCH到网管；如采用IPCLK时钟需额外增加路由信息，多站配置X2接口也需新增站点间路由信息，目的IP地址与掩码取值相与必须为网络地址
ADD VLANMAP	根据下一跳增加VLAN标识	现网通常规划多个LTE站点使用一个VLAN标识
ADD S1SIGIP	增加基站S1接口信令IP	采用End-point（自建立方式）配置方式时应用：配置S1/X2接口的端口信息，系统根据端口信息自动创建S1/X2接口控制面承载（SCTP链路）和用户面承载（IP Path），Link配置方式采用手工参考协议栈模式进行配置
ADD MME	增加对端MME信息	
ADD S1SERVIP	增加基站S1接口服务IP	
ADD SGW	增加对端SGW/UGW信息	
ADD OMCH	增加基站远程维护通道	最多增加主/备两条，绑定路由后，无需单独增加路由信息

4.3.4　传输数据配置步骤

1. 配置底层 IP 传输数据

步骤 1：增加物理端口配置。物理以太网端口属性参数输入如图 4-29 所示。

命令输入(F5)：ADD ETHPORT　辅助　保存

柜号	0	框号	0
槽号	6	子板类型	BASE_BOARD(基板)
端口号	1	端口属性	FIBER(光口)（COPPER(电口) / FIBER(光口) / AUTO(自动检测)）
最大传输单元(字节)	1500	速率	1000M(1000M)（100M(100M) / 1000M(1000M) / AUTO(自协商)）
双工模式	FULL(全双工)	ARP代理	ENABLE(启用)
流控	OPEN(启动)	MAC层错帧率超限告警产生门限(‰)	10
MAC层错帧率超限告警恢复门限(‰)	8		

图 4-29　物理以太网端口属性参数输入

ADD ETHPORT 命令重点参数说明：

- 端口属性：UMPT 单板 0 号端口为 FE/GE 电口，1 号端口为 FE/GE 光口（现场使用光口）。
- 端口速率/双工模式：需要与传输协商一致，现场使用 1000Mbit/s/FULL（全双工）。
- 设备出厂默认端口速率/双工模式为自协商。

命令脚本示例：

ADD ETHPORT：SRN = 0，SN = 6，SBT = BASE_BOARD，PN = 1，PA = FIBER，MTU = 1500，SPEED = 1000M，DUPLEX = FULL；

步骤 2：以太网端口业务/维护通道 IP 配置。增加以太网端口业务 IP 参数输入如图 4-30 所示。

命令输入(F5)：ADD DEVIP　辅助　保存

柜号	0	框号	0
槽号	6	子板类型	BASE_BOARD(基板)
端口类型	ETH(以太网端口)（PPP(PPP链路) / MPGRP(多链路PPP组) / ETH(以太网端口) / ETHTRK(以太网链路聚合组) / LOOPINT(环回接口)）	端口号	1
IP地址	10.20.1.94	子网掩码	255.255.255.252

图 4-30　增加以太网端口业务 IP 参数输入

增加以太网端口维护通道 IP 参数输入如图 4-31 所示。

命令输入(F5)：ADD DEVIP　辅助　保存

参数	值	参数	值
柜号	0	框号	0
槽号	6	子板类型	BASE_BOARD(基板)
端口类型	ETH(以太网端口)	端口号	0
IP地址	10.20.9.94	子网掩码	255.255.255.252

图 4-31　增加以太网端口维护通道 IP 参数输入

ADD DEVIP 命令重点参数说明：

- 端口类型：在未采用 Trunk 配置方式的场景下选择 ETH（以太网端口）即可，目前 TD－LTE 现网均未使用 Trunk 连接方式。
- IP 地址：同一端口最多配置 8 个设备 IP 地址。IP 资源紧张的情况下，单站可以只采用一个 IP 地址即可，既用于业务链路通信，也用于维护链路互通。
- 端口 IP 地址与子网掩码确定基站端口连接传输设备的子网范围大小，多个基站可以配置在同一子网内。
- 实验室规划基站维护与业务子网段分开配置，便于识别与区分。

命令脚本示例：

//分别增加用于 S1 接口与远程维护通道建立对接的 IP 地址信息

ADD DEVIP：CN =0，SRN =0，SN =6，SBT = BASE_BOARD，PT = ETH，PN =1，IP = "10. 20. 1. 94"，MASK = "255. 255. 255. 252"；

ADD DEVIP：CN =0，SRN =0，SN =6，SBT = BASE_BOARD，PT = ETH，PN =1，IP = "10. 20. 9. 94"，MASK = "255. 255. 255. 252"；

步骤 3：配置业务路由信息。增加基站到 MME 的路由参数输入如图 4-32 所示。

命令输入(F5)：ADD IPRT　辅助　保存

参数	值	参数	值
柜号	0	框号	0
槽号	6	子板类型	BASE_BOARD(基板)
目的IP地址	172.168.3.1	子网掩码	255.255.255.255
路由类型	NEXTHOP(下一跳)	下一跳IP地址	10.20.1.93
优先级	60	描述信息	to MME

图 4-32　增加基站到 MME 的路由参数输入

增加基站到 SGW/UGW 的路由参数输入如图 4-33 所示。

ADD IPRT 命令重点参数说明：

- 目的 IP 地址：目的 IP 地址是主机地址时，子网掩码配置为 32 位掩码；如需要添加网

命令输入(F5)：ADD IPRT　辅助　保存

柜号 0　框号 0

槽号 6　子板类型 BASE_BOARD(基板)

目的IP地址 172.168.7.3　子网掩码 255.255.255.255

路由类型 NEXTHOP(下一跳)　下一跳IP地址 10.20.1.93

优先级 60　描述信息 To UGW

图 4-33　增加基站到 SGW/UGW 的路由参数输入

段路由，配置子网掩码小于 32 位，目的 IP 地址必须是网段网络地址。

- 示例：目的 IP 地址为 172.168.0.0，子网掩码 16 位为 255.255.0.0；如果写目的 IP 为 172.168.7.3，子网掩码写 255.255.0.0 时系统会提示出错，原因为目的 IP 地址不是一个网络地址。
- 基站远程维护通道的路由信息，可以在增加 OMCH 配置时一起添加。

命令脚本示例：

//分别增加基站到 MME、SGW/UGW 的路由信息

ADD IPRT：SRN =0，SN =6，SBT = BASE_BOARD，DSTIP ="172.168.3.1"，DSTMASK = "255.255.255.255"，RTTYPE = NEXTHOP，NEXTHOP ="10.20.1.93"，PREF =60，DESCRI = "To MME"；

ADD IPRT：SRN =0，SN =6，SBT = BASE_BOARD，DSTIP ="172.168.7.3"，DSTMASK = "255.255.255.255"，RTTYPE = NEXTHOP，NEXTHOP ="10.20.1.93"，PREF =60，DESCRI = "To UGW"；

步骤 4：配置基站业务/维护 VLAN 标识。增加基站业务 VLAN 标识参数输入如图 4-34 所示。

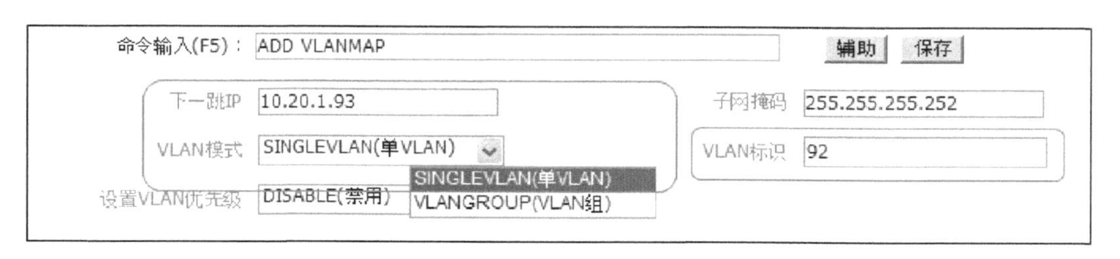

图 4-34　增加基站业务 VLAN 标识参数输入

增加基站维护 VLAN 标识参数输入如图 4-35 所示。

ADD VLANMAP 命令重点参数说明：

- 现网站点业务对接、维护通道采用同一 IP 地址时，VLAN 标识通常也只规划一个，为节省 VLAN 资源，甚至同一 PLMN 网络中多个基站使用同一个 VLAN 标识。
- 目前网络业务 QoS 需求不明显，未区分不同优先级业务类型，VLAN 模式使用单 VLAN 即可，不需要涉及 VLAN 组的配置，也不涉及 VLAN 优先级配置。

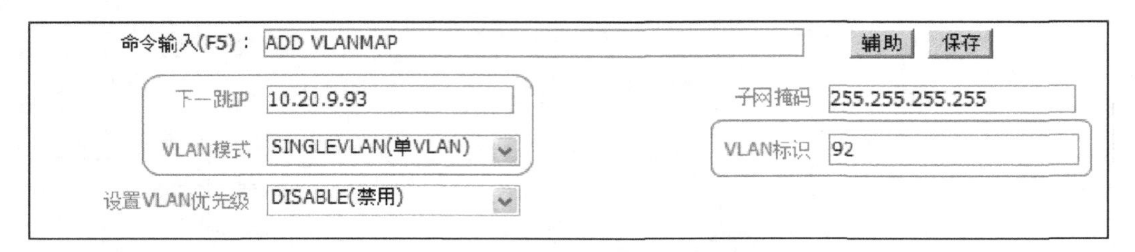

图 4-35 增加基站维护 VLAN 标识参数输入

命令脚本示例：

//S1 业务接口数据使用 VLAN 标识

ADD VLANMAP：NEXTHOPIP = "10.20.1.93"，MASK = "255.255.255.255"，VLANMODE = SINGLEVLAN，VLANID = 92，SETPRIO = DISABLE；

//基站远程维护通道使用 VLAN 标识

ADD VLANMAP：NEXTHOPIP = "10.20.9.93"，MASK = "255.255.255.255"，VLANMODE = SINGLEVLAN，VLANID = 92，SETPRIO = DISABLE；

2. End - point 自建立方式配置 S1 接口对接数据

步骤 1：配置基站本端 S1 - C 信令链路参数。增加基站本端 S1 - C 信令链路参数输入如图 4-36 所示。

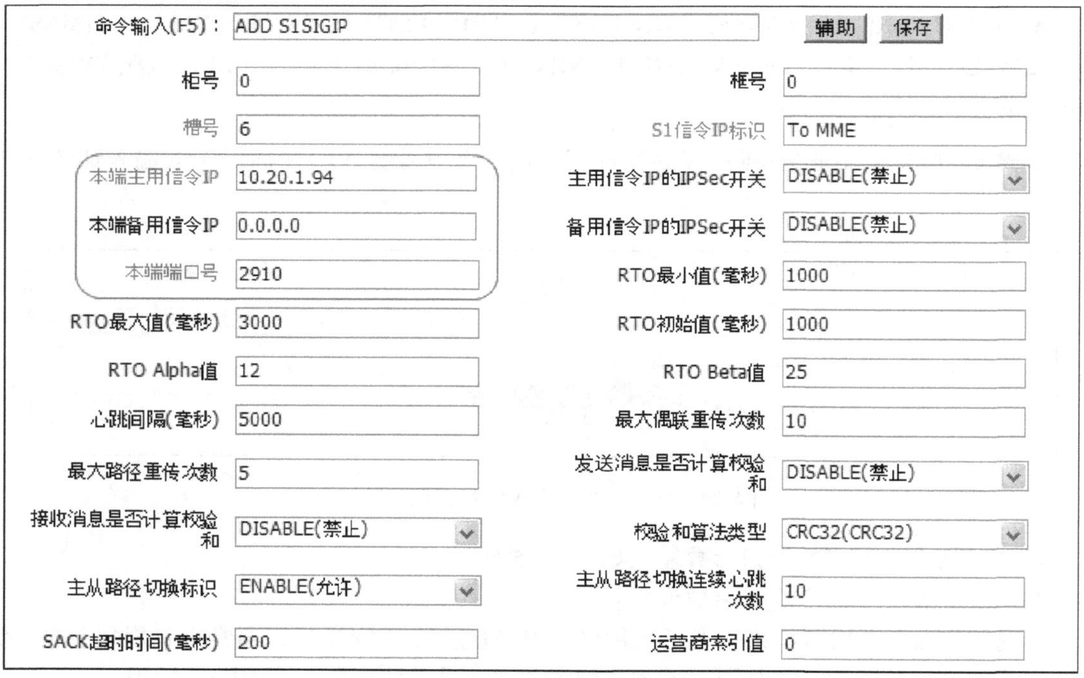

命令输入(F5)： ADD S1SIGIP　　辅助　保存

参数	值	参数	值
柜号	0	框号	0
槽号	6	S1信令IP标识	To MME
本端主用信令IP	10.20.1.94	主用信令IP的IPSec开关	DISABLE(禁止)
本端备用信令IP	0.0.0.0	备用信令IP的IPSec开关	DISABLE(禁止)
本端端口号	2910	RTO最小值(毫秒)	1000
RTO最大值(毫秒)	3000	RTO初始值(毫秒)	1000
RTO Alpha值	12	RTO Beta值	25
心跳间隔(毫秒)	5000	最大偶联重传次数	10
最大路径重传次数	5	发送消息是否计算校验和	DISABLE(禁止)
接收消息是否计算校验和	DISABLE(禁止)	校验和算法类型	CRC32(CRC32)
主从路径切换标识	ENABLE(允许)	主从路径切换连续心跳次数	10
SACK超时时间(毫秒)	200	运营商索引值	0

图 4-36 增加基站本端 S1 - C 信令链路参数输入

ADD S1SIGIP 命令重点参数说明：

- End - point 自建立配置方式较 Link 方式简单，配置重点为基站本端信令 IP 地址、本端端口号；基站侧端口号上报给 MME 后会自动探测添加，不需要与核心网进行人为协商。
- 现场采用信令链路双归属组网时，可配置备用信令 IP 地址，与主用 IP 地址实现 SCTP 链路层的双归属保护倒换。
- 现场使用安全组网场景时需要将 IPSec 开关打开，详细配置内容在后续数据配置规范课程中阐述。
- 运营商索引值：默认为 0，单站归属一个运营商，建议不更改，后续配置无线全局数据时存在索引关系。

命令脚本示例：

ADD S1SIGIP：SN =6，S1SIGIPID ="To MME"，LOCIP ="10.20.1.94"，LOCIPSECFLAG = DISABLE，SECLOCIP = "0.0.0.0"，SECLOCIPSECFLAG = DISABLE，LOCPORT = 2910，SWITCHBACKFLAG = ENABLE；

步骤 2：配置对端 MME 侧 S1 - C 信令链路参数。增加对端 MME 侧 S1 - C 信令链路参数输入如图 4-37 所示。

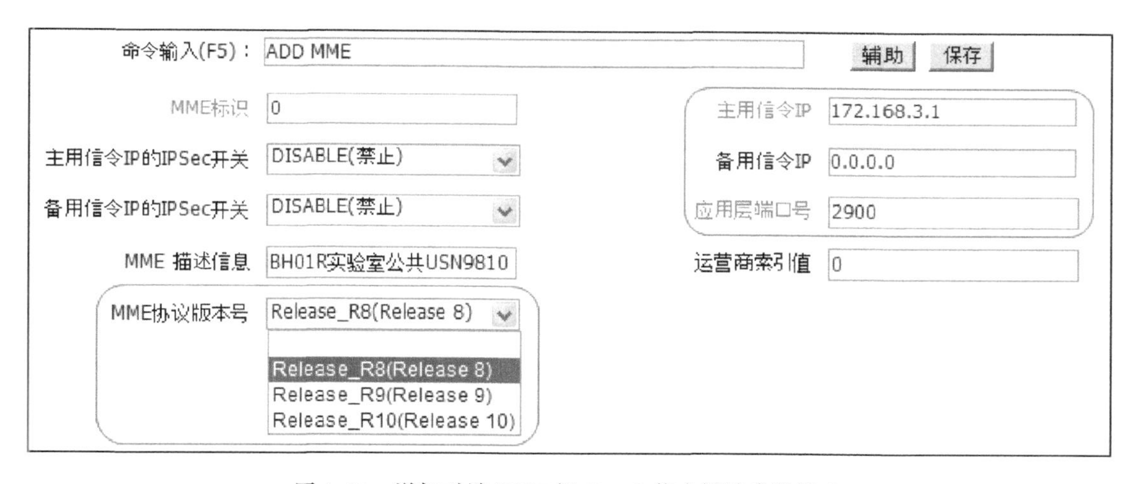

图 4-37　增加对端 MME 侧 S1 - C 信令链路参数输入

ADD MME 命令重点参数说明：

- MME 协商参数包括信令 IP、应用层端口，MME 协议版本号也需要与对端 MME 配置协商一致。
- 现场采用信令链路双归属组网时，对端 MME 侧也需要配置备用信令 IP 地址，与主用 IP 地址实现 SCTP 链路层的双归属保护倒换。
- 现场使用安全组网场景时需要将 IPSec 开关打开，详细配置内容在后续数据配置规范课程中阐述。
- 运营商索引值：默认为 0，单站归属一个运营商，建议不更改，后续配置无线全局数据时存在索引关系。

命令脚本示例：

ADD MME：MMEID = 0，FIRSTSIGIP = " 172. 168. 3. 1" ，FIRSTIPSECFLAG = DISABLE，SECSIGIP = "0. 0. 0. 0" ，SECIPSECFLAG = DISABLE，LOCPORT = 2900，DESCRIPTION = " BH01R 实验室公共 USN9810" ，MMERELEASE = Release_R8；

步骤 3：配置基站本端与对端 MME 的 S1 – U 业务链路参数。增加基站本端 S1 – U 业务链路参数输入如图 4-38 所示。

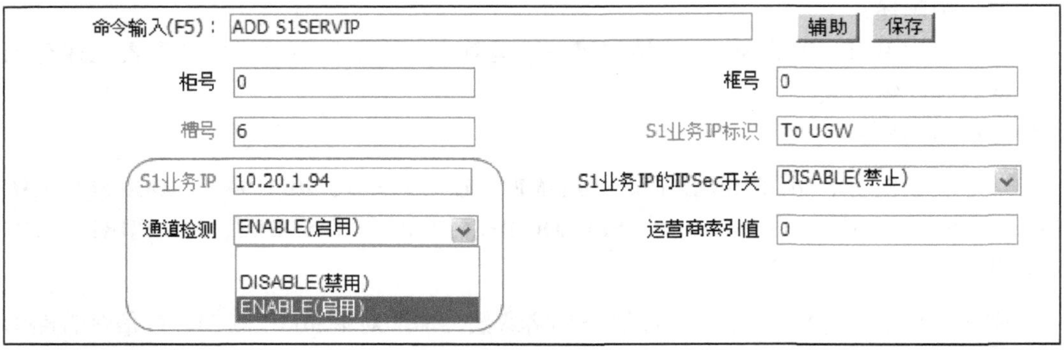

命令输入(F5)：	ADD S1SERVIP		辅助 保存
柜号	0	框号	0
槽号	6	S1业务IP标识	To UGW
S1业务IP	10.20.1.94	S1业务IP的IPSec开关	DISABLE(禁止)
通道检测	ENABLE(启用) DISABLE(禁用) ENABLE(启用)	运营商索引值	0

图 4-38　增加基站本端 S1 – U 业务链路参数输入

增加对端 SGW/UGW 侧 S1 – U 业务链路参数输入如图 4-39 所示。

命令输入(F5)：	ADD SGW		辅助 保存
SGW标识	0	第一个业务IP	172.168.7.3
第一个业务IP的IPSec开关	DISABLE(禁止)	第二个业务IP	0.0.0.0
第二个业务IP的IPSec开关	DISABLE(禁止)	第三个业务IP	0.0.0.0
第三个业务IP的IPSec开关	DISABLE(禁止)	第四个业务IP	0.0.0.0
第四个业务IP的IPSec开关	DISABLE(禁止)	SGW 描述信息	BH01R实验室公共UGW9811
运营商索引值	0		

图 4-39　增加对端 SGW/UGW 侧 S1 – U 业务链路参数输入

ADD S1SERVIP/ADD SGW 命令重点参数说明：

- 配置 S1 – U 链路重点为基站本端与对端 MME 的 S1 业务 IP 地址，建议打开通道检测开关，实现 S1 – U 业务链路的状态监控。
- 运营商索引值：默认为 0，单站归属一个运营商，建议不更改，后续配置无线全局数据时存在索引关系。

命令脚本示例：

//增加基站本端业务 IP 与对端 SGW/UGW 业务 IP

ADD S1SERVIP：SRN＝0，SN＝6，S1SERVIPID＝"To UGW"，S1SERVIP＝"10.20.1.94"，IPSECFLAG＝DISABLE，PATHCHK＝ENABLE；

ADD SGW：SGWID＝0，SERVIP1＝"172.168.7.3"，SERVIP1IPSECFLAG＝DISABLE，SERVIP2IPSECFLAG＝DISABLE，SERVIP3IPSECFLAG＝DISABLE，SERVIP4IPSECFLAG＝DISABLE，DESCRIPTION＝"BH01R 实验室公共 UGW9811"；

3. Link 方式配置 S1 接口对接数据

步骤1：配置 SCTP 链路数据。增加基站 S1－C 信令承载 SCTP 链路参数输入如图 4-40 所示。

命令输入(F5)：ADD SCTPLNK　辅助　保存

参数	值	参数	值
SCTP链路号	0	柜号	0
框号	0	槽号	6
最大流号	17	本端第一个IP地址	10.20.1.94
本端第二个IP地址	0.0.0.0	本端SCTP端口号	2910
对端第一个IP地址	172.168.3.1	对端第二个IP地址	0.0.0.0
对端SCTP端口号	2900	RTO最小值(毫秒)	1000
RTO最大值(毫秒)	3000	RTO初始值(毫秒)	1000
RTO Alpha值	12	RTO Beta值	25
心跳间隔(毫秒)	5000	最大偶联重传次数	10
最大路径重传次数	5	发送消息是否计算校验和	DISABLE(去使能)
接收消息是否计算校验和	DISABLE(去使能)	校验和算法类型	CRC32(CRC32)
倒回主路径标志	ENABLE(使能)	倒回的连续心跳个数	10
SACK超时时间(毫秒)	200	描述信息	

图 4-40　增加基站 S1－C 信令承载 SCTP 链路参数输入

ADD SCTPLNK 命令重点参数说明：

- 采用 Link 方式进行配置时，需要手工添加传输层承载链路，相关参数更为详细，重点协商参数包括两端 IP 地址与端口号。

命令脚本示例：

ADD SCTPLNK：SCTPNO＝0，SN＝6，MAXSTREAM＝17，LOCIP＝"10.20.1.94"，SECLOCIP＝"0.0.0.0"，LOCPORT＝2910，PEERIP＝"172.168.3.1"，SECPEERIP＝"0.0.0.0"，PEERPORT＝2900，RTOMIN＝1000，RTOMAX＝3000，RTOINIT＝1000，RTOALPHA＝12，RTOBETA＝25，HBINTER＝5000，MAXASSOCRETR＝10，MAXPATHRETR＝5，AUTOSWITCH＝ENABLE，SWITCHBACKHBNUM＝10，TSACK＝200；

步骤2：配置基站S1－C接口信令链路数据。增加基站S1－C接口信令链路参数输入如图4-41所示。

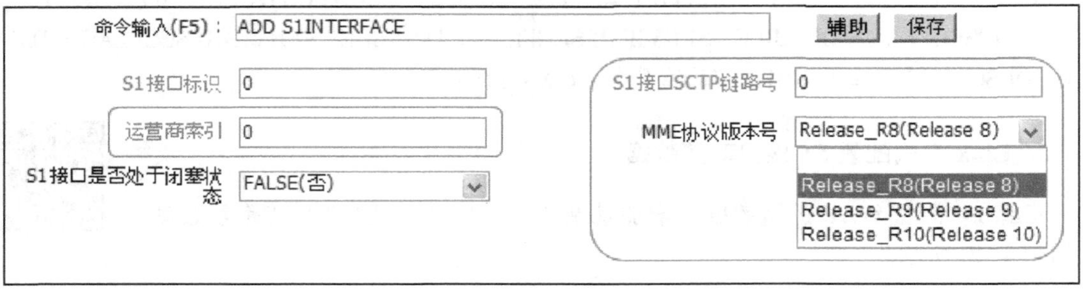

图4-41　增加基站S1－C接口信令链路参数输入

ADD S1INTERFACE命令重点参数说明：

- S1接口信令承载链路需要索引底层SCTP链路以及全局数据中的运营商信息。
- MME对端协议版本号需要与核心网设备协商一致。

命令脚本示例：

ADD S1INTERFACE：S1InterfaceId＝0，S1SctpLinkId＝0，CnOperatorId＝0，MmeRelease＝Release_R8；

步骤3：配置S1－U接口IPPATH链路数据。增加基站S1－U接口业务链路参数输入如图4-42所示。

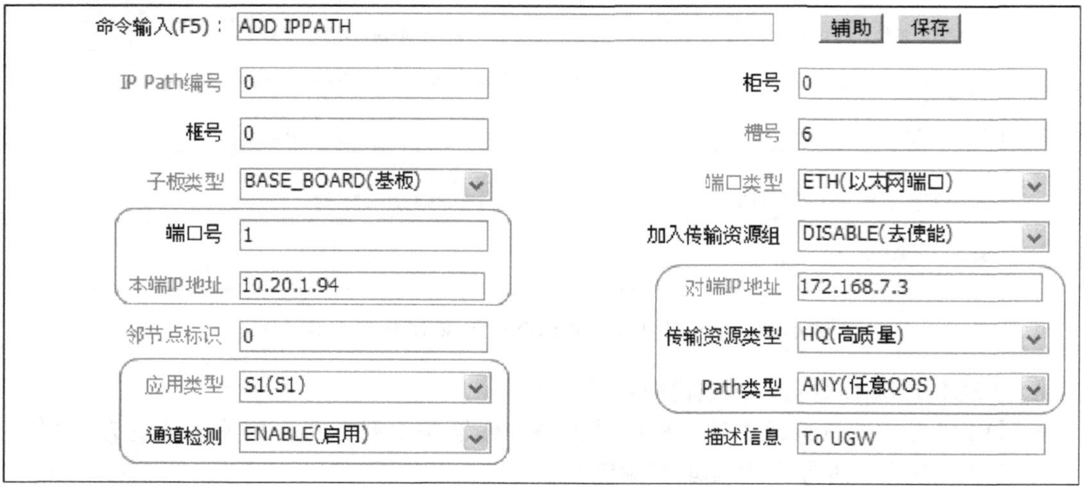

图4-42　增加基站S1－U接口业务链路参数输入

ADD IPPATH命令重点参数说明：

- S1接口数据承载链路IPPATH，配置重点协商IP地址，目前场景未区分业务优先级，传输IPPath只配置一条即可。

命令脚本示例：

ADD IPPATH：PATHID =0，CN =0，SRN =0，SN =6，SBT = BASE_BOARD，PT = ETH，PN =1，JNRSCGRP = DISABLE，LOCALIP ="10. 20. 1. 94"，PEERIP ="172. 168. 7. 3"，ANI = 0，APPTYPE = S1，PATHTYPE = ANY，PATHCHK = ENABLE，DESCRI ="To UGW"；

4. 配置远程维护通道数据

增加基站远程维护通道参数输入如图 4-43 所示。

命令输入(F5)：	ADD OMCH		
主备标志	MASTER(主用)	本端IP地址	10.20.9.94
本端子网掩码	255.255.255.255	对端IP地址	10.77.199.43
对端子网掩码	255.255.255.255	承载类型	IPV4(IPV4)
柜号	0	框号	0
槽号	6	子板类型	BASE_BOARD(基板)
绑定路由	YES(是)	目的IP地址	10.77.199.43
目的子网掩码	255.255.255.255	路由类型	NEXTHOP(下一跳)
下一跳IP地址	10.20.9.93	优先级	60

辅助　保存

图 4-43　增加基站远程维护通道参数输入

ADD OMCH 命令重点参数说明：

- 增加 OMCH 远程维护通道到网管系统，绑定路由选择“是”时，增加远程维护通道路由，不需要再单独执行 ADD IPRT 命令添加维护通道的路由信息。
- 绑定路由信息中目的 IP 地址与目的子网掩码相与结果，必须为网络地址。

命令脚本示例：

ADD OMCH：IP ="10. 20. 9. 94"，MASK ="255. 255. 255. 255"，PEERIP ="10. 77. 199. 43"，PEERMASK ="255. 255. 255. 255"，BEAR = IPV4，SN =6，SBT = BASE_BOARD，BRT = YES，DSTIP =" 10. 77. 199. 43"，DSTMASK =" 255. 255. 255. 255"，RT = NEXTHOP，NEXTHOP = "10. 20. 9. 93"；

4.3.5　传输数据配置脚本示例

//增加底层 IP 传输数据

ADD ETHPORT：SRN =0，SN =6，SBT = BASE_BOARD，PN =1，PA = FIBER，MTU = 1500，SPEED =1000M，DUPLEX = FULL；

ADD DEVIP：CN =0，SRN =0，SN =6，SBT = BASE_BOARD，PT = ETH，PN =1，IP = "10. 20. 1. 94"，MASK ="255. 255. 255. 252"；

ADD IPRT：SRN =0，SN =6，SBT = BASE_BOARD，DSTIP ="172. 168. 3. 1"，DSTMASK ="255.

255.255.255", RTTYPE = NEXTHOP, NEXTHOP = "10.20.1.93", PREF = 60, DESCRI = "To MME";

ADD IPRT: SRN = 0, SN = 6, SBT = BASE_BOARD, DSTIP = "172.168.7.3", DSTMASK = "255.255.255.255", RTTYPE = NEXTHOP, NEXTHOP = "10.20.1.93", PREF = 60, DESCRI = "To UGW";

ADD VLANMAP: NEXTHOPIP = "10.20.1.93", MASK = "255.255.255.255", VLANMODE = SINGLEVLAN, VLANID = 92, SETPRIO = DISABLE;

S1 接口数据配置 End - point 方式与 Link 方式二选一：

//End - point 方式配置 S1 接口数据

ADD S1SIGIP: SN = 6, S1SIGIPID = "To MME", LOCIP = "10.20.1.94", LOCIPSECFLAG = DISABLE, SECLOCIP = "0.0.0.0", SECLOCIPSECFLAG = DISABLE, LOCPORT = 2910, SWITCHBACKFLAG = ENABLE;

ADD MME: MMEID = 0, FIRSTSIGIP = "172.168.3.1", FIRSTIPSECFLAG = DISABLE, SECSIGIP = "0.0.0.0", SECIPSECFLAG = DISABLE, LOCPORT = 2900, DESCRIPTION = "BH01R实验室公共 USN9810", MMERELEASE = Release_R8;

ADD S1SERVIP: SRN = 0, SN = 6, S1SERVIPID = "To UGW", S1SERVIP = "10.20.1.94", IPSECFLAG = DISABLE, PATHCHK = ENABLE;

ADD SGW: SGWID = 0, SERVIP1 = "172.168.7.3", SERVIP1IPSECFLAG = DISABLE, SERVIP2IPSECFLAG = DISABLE, SERVIP3IPSECFLAG = DISABLE, SERVIP4IPSECFLAG = DISABLE, DESCRIPTION = "BH01R 实验室公共 UGW9811";

//Link 方式配置 S1 接口数据

ADD SCTPLNK: SCTPNO = 0, SN = 6, MAXSTREAM = 17, LOCIP = "10.20.1.94", SECLOCIP = "0.0.0.0", LOCPORT = 2910, PEERIP = "172.168.3.1", SECPEERIP = "0.0.0.0", PEERPORT = 2900, RTOMIN = 1000, RTOMAX = 3000, RTOINIT = 1000, RTOALPHA = 12, RTOBETA = 25, HBINTER = 5000, MAXASSOCRETR = 10, MAXPATHRETR = 5, AUTOSWITCH = ENABLE, SWITCHBACKHBNUM = 10, TSACK = 200;

ADD S1INTERFACE: S1InterfaceId = 0, S1SctpLinkId = 0, CnOperatorId = 0, MmeRelease = Release_R8;

ADD IPPATH: PATHID = 0, CN = 0, SRN = 0, SN = 6, SBT = BASE_BOARD, PT = ETH, PN = 1, JNRSCGRP = DISABLE, LOCALIP = "10.20.1.94", PEERIP = "172.168.7.3", ANI = 0, APPTYPE = S1, PATHTYPE = ANY, PATHCHK = ENABLE, DESCRI = "To UGW";

//增加基站远程操作维护通道数据

ADD DEVIP: CN = 0, SRN = 0, SN = 6, SBT = BASE_BOARD, PT = ETH, PN = 1, IP = "10.20.9.94", MASK = "255.255.255.252";

ADD VLANMAP: NEXTHOPIP = "10.20.9.93", MASK = "255.255.255.255", VLANMODE = SINGLEVLAN, VLANID = 92, SETPRIO = DISABLE;

ADD OMCH: IP = "10.20.9.94", MASK = "255.255.255.255", PEERIP = "10.77.199.43", PEERMASK = "255.255.255.255", BEAR = IPV4, SN = 6, SBT = BASE_BOARD, BRT = YES, DSTIP = "10.77.199.43", DSTMASK = "255.255.255.255", RT = NEXTHOP, NEXTHOP = "10.20.9.93";

4.4 无线数据配置

4.4.1 无线层规划数据示意图

TD－LTE eNodeB101 无线基础规划如图 4-44 所示。

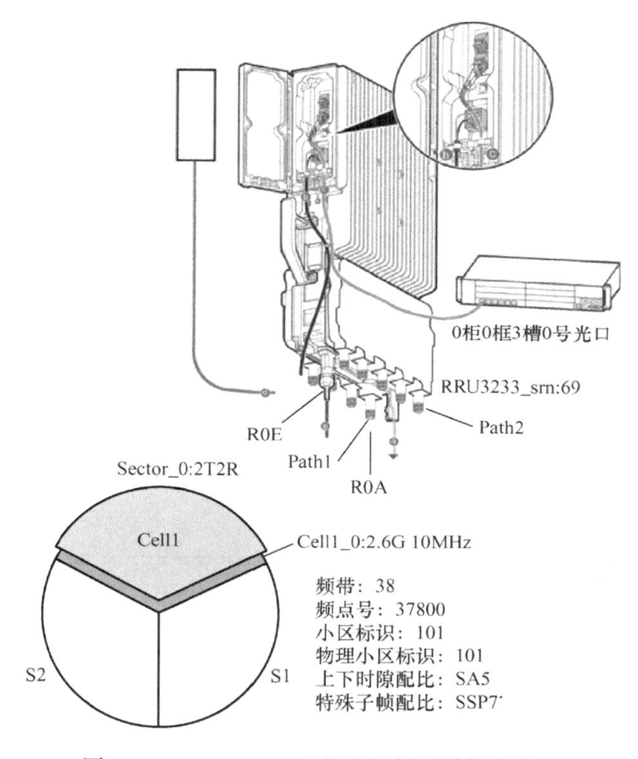

图 4-44 eNodeB101 无线基础规划数据示意图

4.4.2 无线数据配置流程

单站无线数据配置流程如图 4-45 所示。

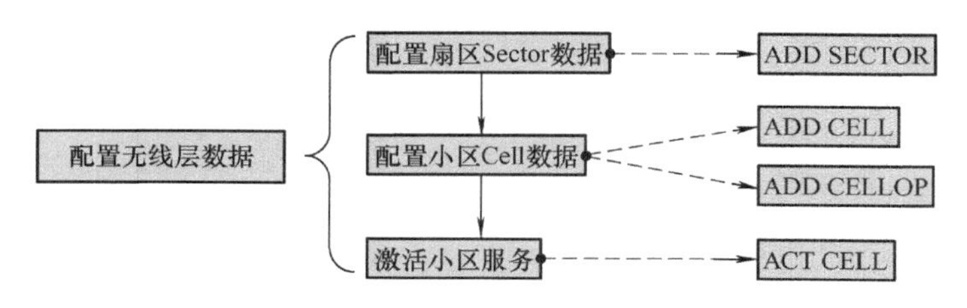

图 4-45 单站无线数据配置流程图

4.4.3 无线数据配置 MML 命令集

单站无线数据配置命令功能集如表 4-3 所示。

表 4-3 单站无线数据配置命令功能集

命令 + 对象	MML 命令用途	命令使用注意事项
ADD SECTOR	增加扇区信息数据	指定扇区覆盖所用射频器件，设置天线收发模式、MIMO 模式。TD - LTE 支持普通 MIMO：1T1R、2T2R、4T4R、8T8R。2T2R 场景可支持 UE 互助 MIMO
ADD CELL	增加无线小区数据	配置小区频点、带宽：TD - LTE 小区带宽只有两种有效，即 10MHz(50RB)与 20MHz(100RB)
ADD CELLOP	添加无线小区与运营商对应关系信息	绑定本地小区与跟踪区信息，在开启无线共享模式情况下可通过绑定不同运营商对应的跟踪区信息，分配不同运营商可使用的无线资源 RB 的个数
ACT CELL	激活无线小区	使用 DSP CELL 命令查询小区是否激活

4.4.4 无线数据配置步骤

1. 配置基站扇区数据

单站无线扇区数据配置输入如图 4-46 所示。

命令输入(F5)：ADD SECTOR　辅助　保存

参数	值	参数	值
扇区号	0	地理坐标数据格式	SEC(度分秒格式)
秒格式天线经度(秒)	114:04:12	秒格式天线纬度(秒)	22:37:12
扇区模式	NormalMIMO(普通MIMO)	天线模式	2T2R(两发两收)
合并模式	COMBTYPE_SINGLE_RRI	天线端口1所在RRU的柜号	0
天线端口1所在RRU的框号	69	天线端口1所在RRU的槽位号	0
天线端口1端口号	R0A(R0A口)	天线端口2所在RRU的柜号	0
天线端口2所在RRU的框号	69	天线端口2所在RRU的槽位号	0
天线端口2端口号	R0E(R0E口)	扇区名称	
扇区位置高度值(米)	0	不确定区域主轴长度(米)	3
不确定区域短轴长度(米)	3	不确定区域主轴方向角(度)	0
不确定区域高度值(米)	3	置信度(%)	0
全向模式	FALSE(否)		

图 4-46 单站无线扇区数据配置输入

ADD SECTOR 命令重点参数说明：

- TD－LTE 制式下，扇区支持1T1R、2T2R、4T4R、8T8R 四种天线模式，其中2T2R 可以支持双拼，双拼只能用于同一 LBBP 单板上的一级链上的两个 RRU。
- 普通 MIMO 扇区的情况下，扇区使用的天线端口分别在两个 RRU 上称之为双拼扇区。
- 普通 MIMO 扇区，在8个发送通道和8个接收通道的 RRU 上建立2T2R 的扇区，需要保证使用的通道在同一极化方向上。即此时扇区使用的天线端口必须为以下组合：R0A（path1）和 R0E（path5）、R0B（path2）和 R0F（path6）、R0C（path3）和 R0G（path7）、R0D（path4）和 R0H（path8）。
- 不使用的射频 path 通道可使用 MOD TXBRANCH/RXBRANCH 命令关闭。

命令脚本示例：

ADD SECTOR：SECN＝0，GCDF＝SEC，ANTLONGITUDESECFORMAT＝"114:04:12"，ANTLATITUDESECFORMAT＝"22:37:12"，SECM＝NormalMIMO，ANTM＝2T2R，COMBM＝COMBTYPE_SINGLE_RRU，CN1＝0，SRN1＝69，SN1＝0，PN1＝R0A，CN2＝0，SRN2＝69，SN2＝0，PN2＝R0E，ALTITUDE＝0；

2. 配置基站小区数据

步骤1：配置基站小区信息数据。单站无线小区数据配置输入如图4-47所示。

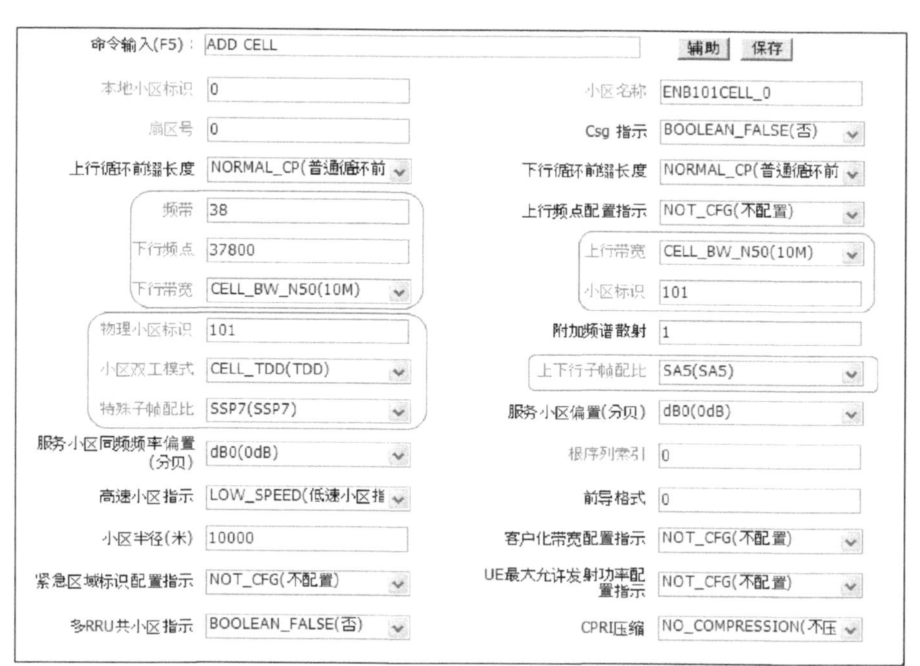

图4-47 单站无线小区数据配置输入

ADD CELL 命令重点参数说明：

- TD－LTE 制式下，载波带宽只有10MHz 与20MHz 两种配置有效。
- 小区标识用于 MME 标识引用，物理小区标识用于空口 UE 接入识别。

- CELL_TDD 模式下，上下行子帧配比使用 SA5，下行获得速率最高，特殊子帧配比一般使用 SSP7，能保证有效覆盖前提下提供合理上行接入资源。
- 配置 10MHz 带宽载波，预期单用户下行速率能达到 40～50Mbit/s。

命令脚本示例：

ADD CELL：LocalCellId = 0，CellName = "ENB101CELL_0"，SectorId = 0，FreqBand = 38，UlEarfcnCfgInd = NOT_CFG，DlEarfcn = 37800，UlBandWidth = CELL_BW_N50，DlBandWidth = CELL_BW_N50，CellId = 101，PhyCellId = 101，FddTddInd = CELL_TDD，SubframeAssignment = SA5，SpecialSubframePatterns = SSP7，RootSequenceIdx = 0，CustomizedBandWidthCfgInd = NOT_CFG，EmergencyAreaIdCfgInd = NOT_CFG，UePowerMaxCfgInd = NOT_CFG，MultiRruCellFlag = BOOLEAN_FALSE；

步骤 2：配置小区运营商信息数据并激活小区。单站无线小区运营商数据配置输入如图 4-48 所示。

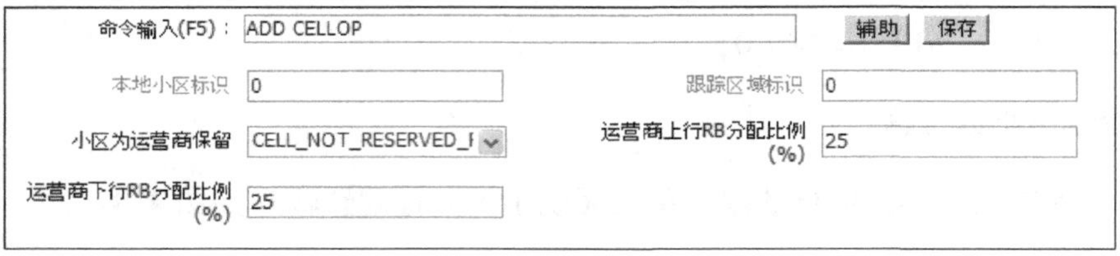

图 4-48　单站无线小区运营商数据配置输入

ADD CELLOP 命令重点参数说明：

- 小区为运营商保留：通过 UE 的 AC 接入等级划分，决定是否将本小区作为终端重选过程中的候补小区，默认关闭；
- 运营商上行 RB 分配比例：在 RAN 共享模式下，且小区算法开关中的 RAN 共享模式开关打开时，一个运营商所占下行数据共享信道（PDSCH）传输 RB 资源的百分比。当数据量足够的情况下，各个运营商所占 RB 资源的比例将达到设定的值，所有运营商占比之和不能超过 100%。
- 现网站点未使用 SharingRAN 方案，不开启基站共享模式。

命令脚本示例：

ADD CELLOP：LocalCellId = 0，TrackingAreaId = 0；
//激活小区
ACT CELL：LocalCellId = 0；

4.4.5　无线数据配置脚本示例

//增加基站无线扇区数据

ADD SECTOR：SECN = 0，GCDF = SEC，ANTLONGITUDESECFORMAT = "114:04:12"，ANTLATITUDESECFORMAT = "22:37:12"，SECM = NormalMIMO，ANTM = 2T2R，COMBM = COMBTYPE_SINGLE_RRU，CN1 = 0，SRN1 = 69，SN1 = 0，PN1 = R0A，CN2 = 0，SRN2 = 69，SN2 = 0，PN2 = R0E，ALTITUDE = 0；

//增加基站无线小区数据

ADD CELL：LocalCellId = 0，CellName = "ENB101CELL_0"，SectorId = 0，FreqBand = 38，UlEarfcnCfgInd = NOT_CFG，DlEarfcn = 37800，UlBandWidth = CELL_BW_N50，DlBandWidth = CELL_BW_N50，CellId = 101，PhyCellId = 101，FddTddInd = CELL_TDD，SubframeAssignment = SA5，SpecialSubframePatterns = SSP7，RootSequenceIdx = 0，CustomizedBandWidthCfgInd = NOT_CFG，EmergencyAreaIdCfgInd = NOT_CFG，UePowerMaxCfgInd = NOT_CFG，MultiRruCellFlag = BOOLEAN_FALSE；

ADD CELLOP：LocalCellId = 0，TrackingAreaId = 0；

//激活小区

ACT CELL：LocalCellId = 0；

4.5　单站脚本验证与业务演示

4.5.1　命令对象索引关系

命令对象索引关系如图4-49所示。

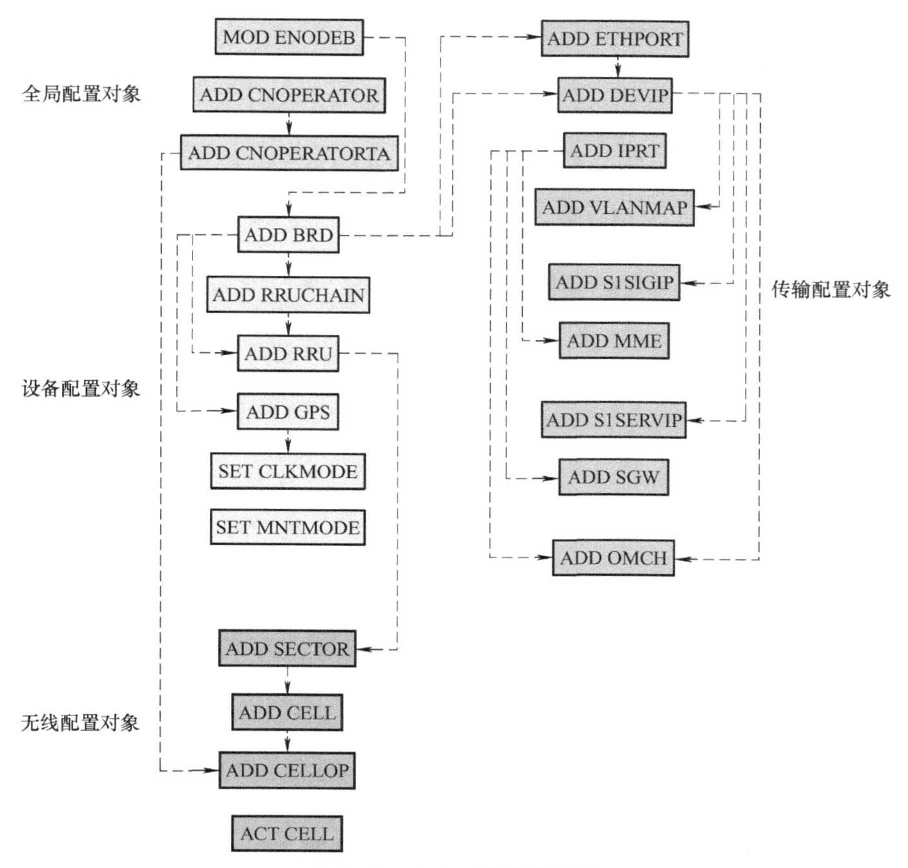

图4-49　命令对象索引关系

4.5.2 单站脚本执行与验证

1. 下面介绍 OMC 代理 WEB 方式登录基站。

IE 浏览器地址栏输入地址：http：//OMC920_IP 地址/eNodeB_omIP/

例如：http：//10.77.199.43/10.20.9.102。OMC 代理方式使用 WEB 登录基站，如图 4-50 所示。

图 4-50 OMC 代理方式使用 WEB 登录基站

批处理执行 MML 脚本。采用批处理方式执行配置脚本如图 4-51 所示。

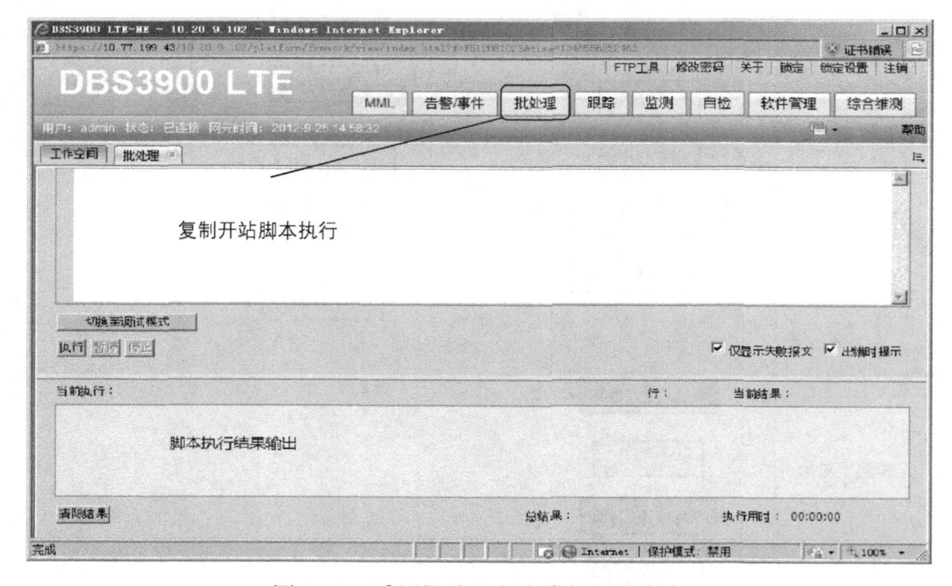

图 4-51 采用批处理方式执行配置脚本

4.5.3 单站业务验证

验证步骤如下：

步骤1：使用MML命令DSP CELL，检查Cell状态是否为“正常”：

DSP CELL:LOCALCELLID=0； //查询小区动态参数

本地小区标识 = 0
小区的实例状态 = 正常
最近一次小区状态变化的原因 = 小区建立成功
最近一次引起小区建立的操作时间 = 2012-09-25 15:19:29
最近一次引起小区建立的操作类型 = 小区健康检查
最近一次引起小区删除的操作时间 = 2012-09-25 15:19:26
最近一次引起小区删除的操作类型 = 小区建立失败
小区节能减排状态 = 未启动
符号关断状态 = 未启动
基带板槽位号 = 2
小区拓扑结构 = 基本模式
最大发射功率(0.1dBmW) = 400
(结果个数 = 1)
小区使用的RRU或RFU信息
柜号 框号 槽号
0 69 0
(结果个数 = 1)
~- END

步骤2：使用MML命令DSP BRDVER，检查设备单板是否能显示版本号，如显示则说明状态正常：

DSP BRDVER； //单板版本信息查询结果

柜号 框号 槽号 类型 软件版本 硬件版本 BootROM版本
操作结果

0 0 2 LBBP V100R005C00SPC340 45570
04.018.01.001 执行成功
0 0 6 UMPT V100R005C00SPC340 2576
00.012.01.003 执行成功
0 0 16 FAN 101 FAN.2 NULL
执行成功

```
0      0      18     UPEU   NULL                    NULL                NULL
              执行成功
0      0      19     UPEU   NULL                    NULL                NULL
              执行成功
0      69     0      LRRU   1B. 500. 10. 017        TRRU. HWEI. x0A120002
18. 235. 10. 017   执行成功
(结果个数 =6)
~-      END
```

步骤3：使用 MML 命令 DSP S1INTERFACE，检查 S1 - C 接口状态是否正常：

```
DSP S1INTERFACE； //查询 S1 接口链路
----------------
S1 接口标识 =0
S1 接口 SCTP 链路号 =0
运营商索引 =0
MME 协议版本号 = Release 8
S1 接口是否处于闭塞状态 = 否
S1 接口状态信息 = 正常
S1 接口 SCTP 链路状态信息 = 正常
核心网是否处于过载状态 = 否
接入该 S1 接口的用户数 =0
核心网的具体名称 = NULL
服务公共陆地移动网络 =460 - 02
服务核心网的全局唯一标识 =460 - 02 - 32769 - 1
核心网的相对负载 =255
S1 链路故障原因 = 无
(结果个数 =1)
~-      END
```

步骤4：使用 MML 命令 DSP IPPATH，检查 S1 - U 接口状态是否正常：

```
DSP IPPATH； //查询 IP Path 状态
----------------
IP Path 编号 =0
非实时预留发送带宽(kbit/s) =0
非实时预留接收带宽(kbit/s) =0
实时发送带宽(kbit/s) =0
实时接收带宽(kbit/s) =0
非实时发送带宽(kbit/s) =0
非实时接收带宽(kbit/s) =0
```

传输资源类型 = 高质量
IP Path 检测结果 = 正常
(结果个数 =1)
~- END

课后习题：

1. 画出 TD - LTE 单站数据配置流程。
2. 写出 Link 方式配置 S1 接口对接数据配置步骤。
3. 写出配置远程维护通道数据的 MML 命令。
4. 写出配置无线层数据 MML 命令。

第5章　例行维护与故障处理

5.1　例行维护

eNodeB 例行维护是指对 eNodeB 设备的性能监控和维护。eNodeB 例行维护不包括对 M2000 本身的例行维护，以及站点近端维护项目。eNodeB 例行维护的目的是确保 eNodeB 的可靠运行，使其处于最佳运行状态，满足业务运行的需求。同时，通过例行维护能够防患于未然，及时发现问题并妥善解决问题。按照维护周期，例行维护项目主要划分为日维护项目、周维护项目、月维护项目。

5.1.1　日维护

日维护主要包括监控设备状态和检查忙时性能这两项维护操作。检查设备状态即通过 M2000 客户端输出网元健康检查报告，检查设备的状态是否正常；检查忙时性能即通过 M2000 客户端查询忙时的 KPI 指标，用以判断 eNodeB 的性能状况。

1. 检查设备状态

步骤1：在 M2000 客户端主菜单中，选择“维护 > 网络健康检查 > 网元健康检查”。

步骤2：在“网元健康检查”的工具栏中，单击 图标。

步骤3：在“创建任务”对话框中，执行如下操作：

1）设置“应用场景”为“维保”。

2）自定义“任务名称”。

3）在“选择网元”区域框中，选择要检查的网元。

4）设置“时间设置”为“周期执行”。

5）单击“下一步”。

“创建任务”对话框如图5-1所示。

步骤4：设置检查任务的执行时间、执行周期以及其他设置，单击“完成”。任务创建完毕，在“网元健康检查”界面的“未完成任务”中，显示刚创建的任务。任务执行完成后，会在“未完成任务”中消失，并显示在“已完成任务”中，“进度”项显示为“100%”，“状态”显示为“完成”。设置任务的执行时间及周期如图5-2所示。

步骤5：当任务执行完成后，在“网元健康检查”界面左侧面板中，单击“已完成任务”。

步骤6：在已完成的任务列表中，单击右键，选择“查看报告”。

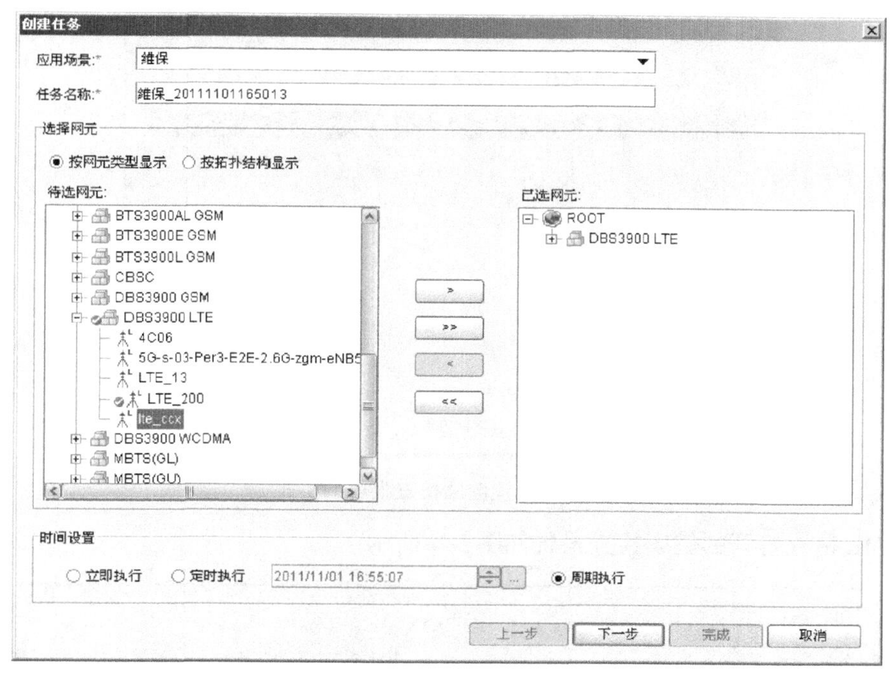

图 5-1　“创建任务”对话框

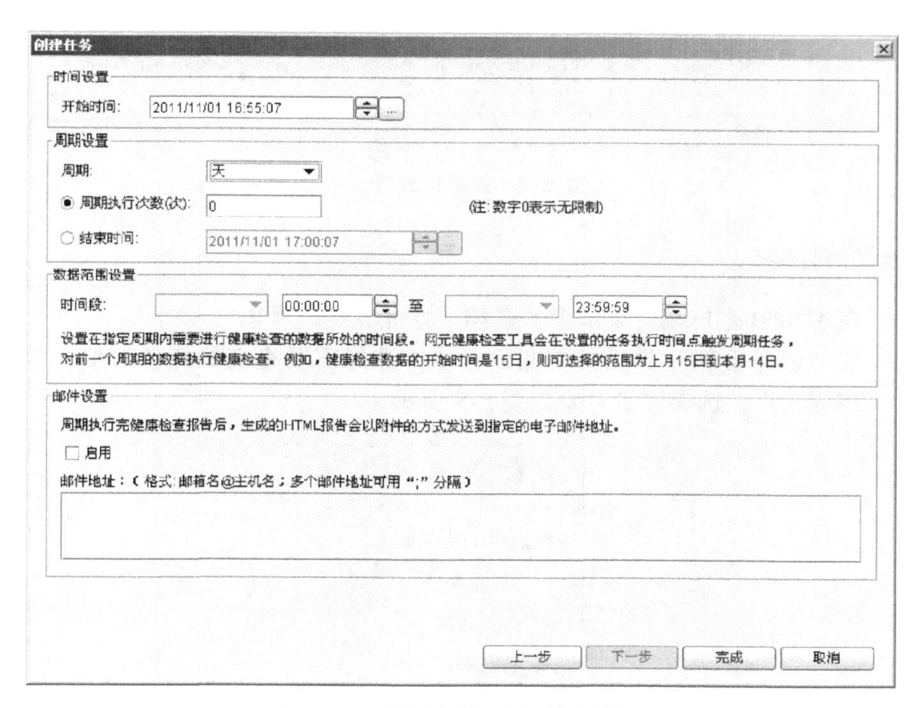

图 5-2　设置任务的执行时间及周期

步骤 7：在“健康检查报告”对话框中，单击“HTML 格式”或者“Word 格式”来选择报告的格式，然后单击“打开”，打开健康检查报告，或者单击“另存为”，将健康检查报告保存到本地。设置健康检查报告的格式如图 5-3 所示。

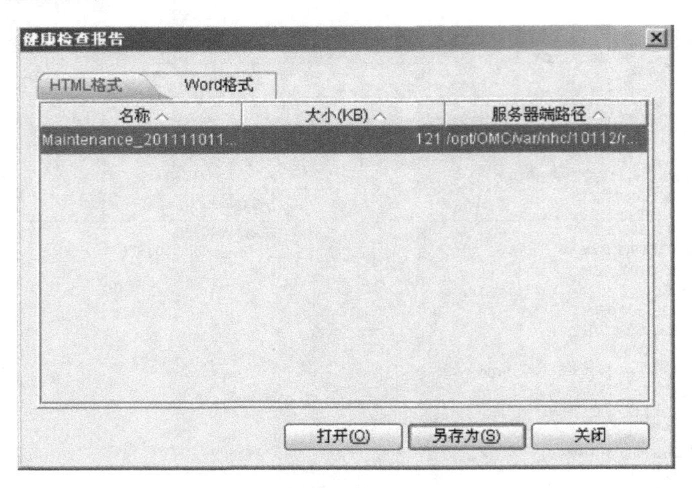

图 5-3　设置健康检查报告的格式

以 HTML 格式打开的健康检查报告如图 5-4 所示。

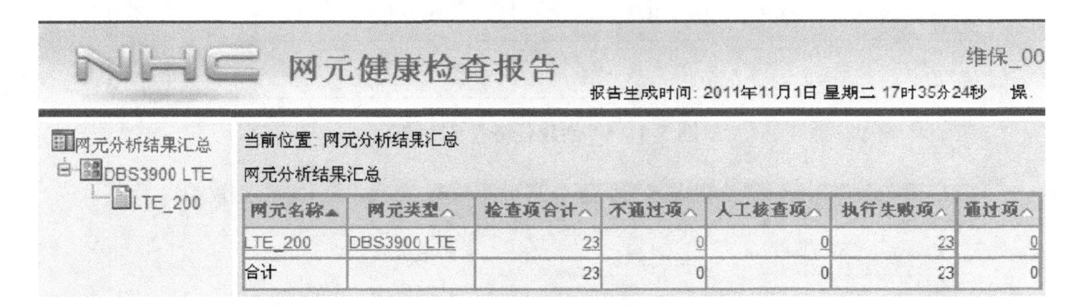

网元名称	网元类型	检查项合计	不通过项	人工核查项	执行失败项	通过项
LTE_200	DBS3900 LTE	23	0	0	23	0
合计		23	0	0	23	0

图 5-4　健康检查报告

2. 检查忙时性能

步骤 1：在 M2000 客户端主菜单中，选择“性能 > 测量管理”。

步骤 2：在“测量管理”界面的左侧面板中，选择需要查询的测量对象，单击鼠标右键，选择“结果查询”。选择测量对象如图 5-5 所示。

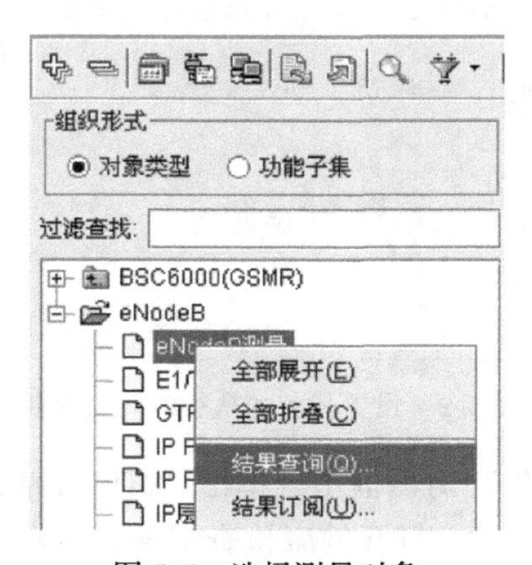

图 5-5　选择测量对象

步骤3：在“对象设置”标签中选择网元，对象设置如图5-6所示。

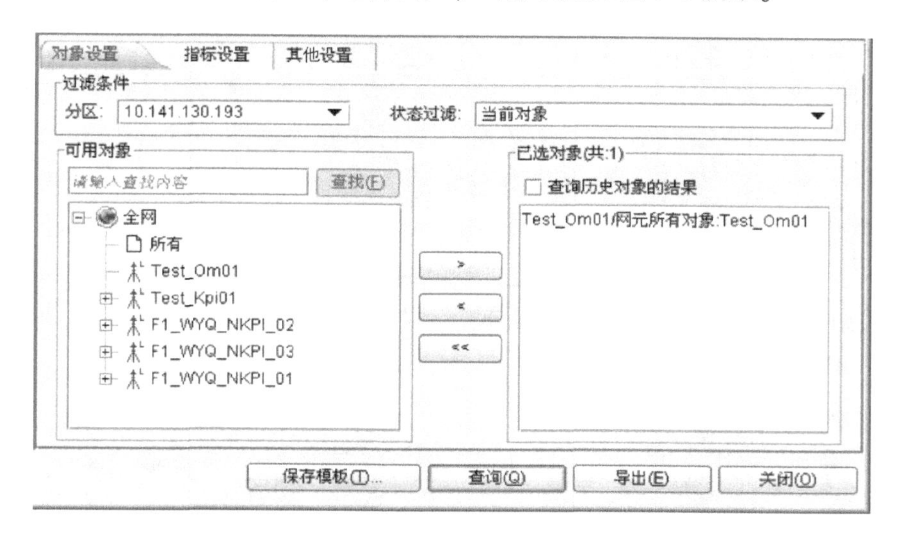

图5-6　对象设置

步骤4：在“指标设置”标签中选择需要查询的性能指标。指标设置如图5-7所示。

图5-7　指标设置

步骤5：在“其他设置”标签中设置查询的时间、测量周期等。其他设置如图5-8所示。

步骤6：当所有设置完成后，单击“查询”按钮。查询结果如图5-9所示。

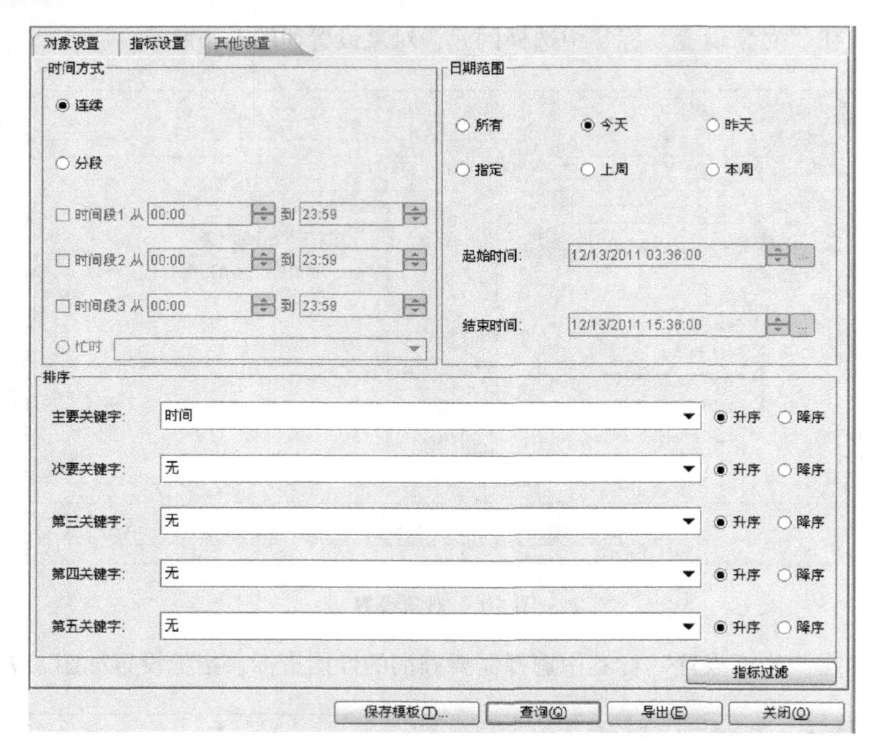

图 5-8　其他设置

步骤 7：分析统计结果，并对相应内容进行判断。

查询(05/05/2010 17:21)　查询(05/05/2010 17:21)　查询(05/05/2010 17:22)

视图类型：◉ 表格　○ 线状图　○ 柱状图

起始时间	周期	网元名称	小区测量	上行Physical Resource Block被使用的平均个数(无)	下行Physical Resource Block被使用的平均个数(无)
05/05/2010 00:00:00	60	F1_WYQ...	Local cell identity=0, ...	14	93
05/05/2010 00:00:00	60	F1_WYQ...	Local cell identity=1, ...	0	0
05/05/2010 00:00:00	60	F1_WYQ...	Local cell identity=2, ...	0	0
05/05/2010 01:00:00	60	F1_WYQ...	Local cell identity=0, ...	14	93
05/05/2010 01:00:00	60	F1_WYQ...	Local cell identity=1, ...	0	0
05/05/2010 01:00:00	60	F1_WYQ...	Local cell identity=2, ...	0	0
05/05/2010 02:00:00	60	F1_WYQ...	Local cell identity=0, ...	14	93
05/05/2010 02:00:00	60	F1_WYQ...	Local cell identity=1, ...	0	0
05/05/2010 02:00:00	60	F1_WYQ...	Local cell identity=2, ...	0	0
05/05/2010 03:00:00	60	F1_WYQ...	Local cell identity=0, ...	14	93
05/05/2010 03:00:00	60	F1_WYQ...	Local cell identity=1, ...	0	0
05/05/2010 03:00:00	60	F1_WYQ...	Local cell identity=2, ...	0	0
05/05/2010 04:00:00	60	F1_WYQ...	Local cell identity=0, ...	14	93
05/05/2010 04:00:00	60	F1_WYQ...	Local cell identity=1, ...	0	0
05/05/2010 04:00:00	60	F1_WYQ...	Local cell identity=2, ...	0	0
05/05/2010 05:00:00	60	F1_WYQ...	Local cell identity=0, ...	14	93
05/05/2010 05:00:00	60	F1_WYQ...	Local cell identity=1, ...	0	0

图 5-9　查询结果

5.1.2 周维护

周维护包括备份 eNodeB 配置数据、制作网络性能周报表、统计 TOP 告警、审计安全日志、检查天馈驻波比和检查设备发射功率。

1. 备份 eNodeB 配置数据

通过 M2000 客户端对 eNodeB 配置数据进行自动备份或手动备份。自动备份可以周期性执行，适用于周期性的备份任务；手动备份适用于一次性的备份任务。对于例行维护任务，建议使用自动备份。

（1）自动备份 eNodeB 配置数据

步骤 1：在 M2000 客户端主菜单中，选择“维护 > 集中任务管理”。

步骤 2：在“集中任务管理”界面的右下角，单击“创建”。

步骤 3：在“创建任务”对话框中，输入“任务名称”，选择任务的“任务类型”为“备份 > 网元定时备份”，“执行类型”为“周期任务”，单击“下一步”。设置任务名称和执行类型如图 5-10 所示。

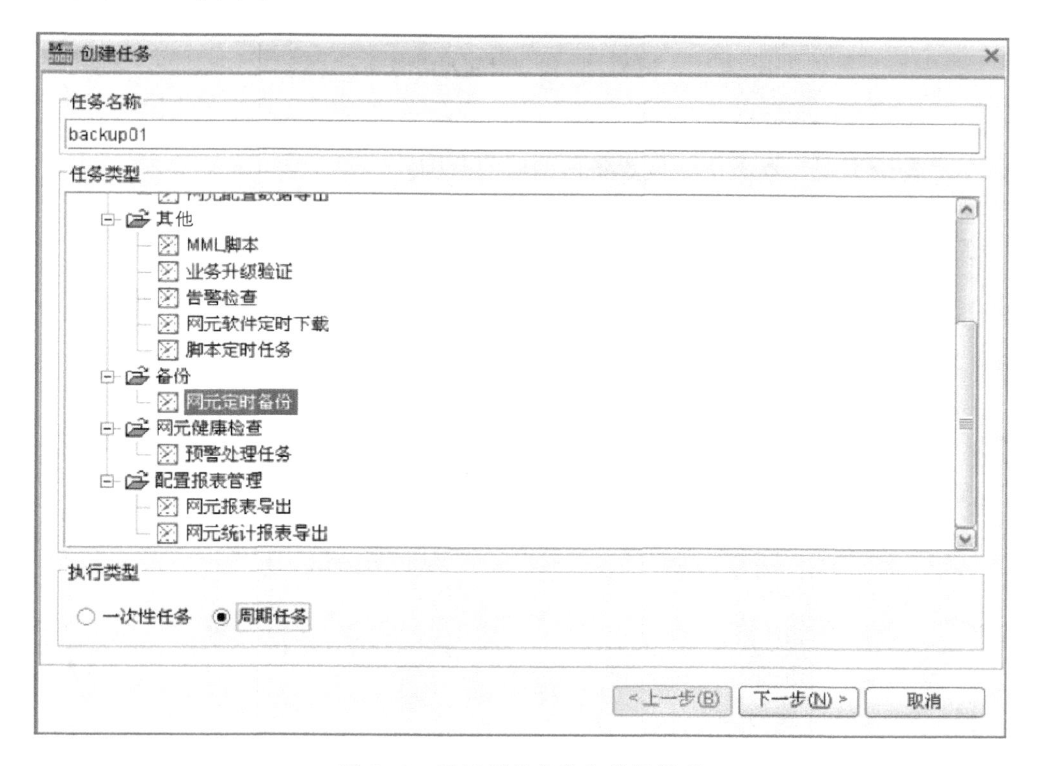

图 5-10 设置任务名称和执行类型

步骤 4：设置“周期”为“1 周”，并按需设置其他参数，单击“下一步”。设置时间及周期如图 5-11 所示。

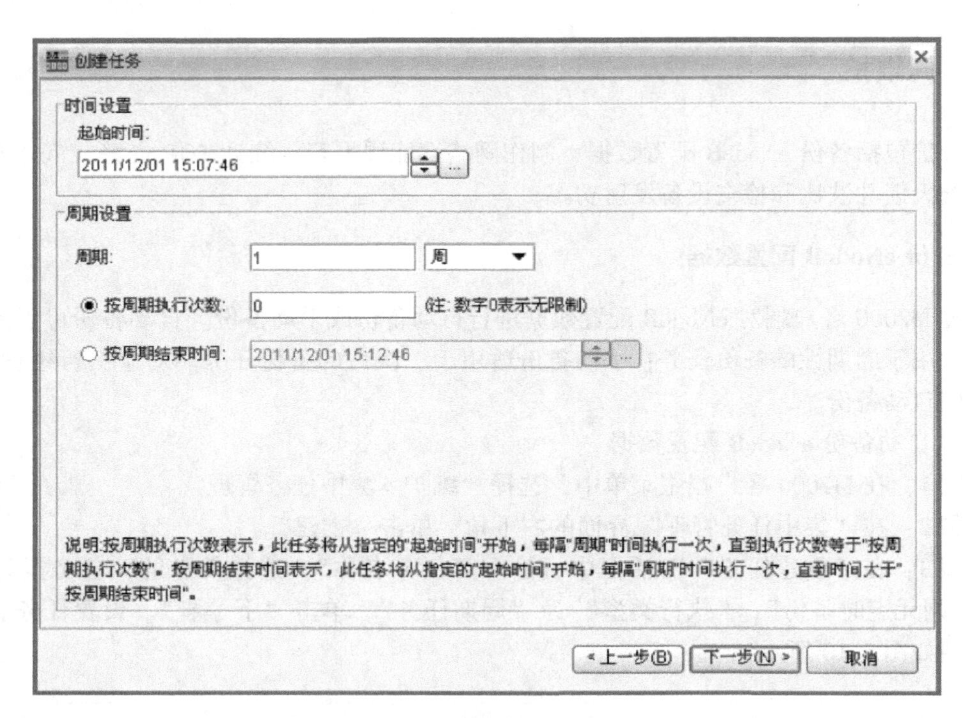

图 5-11　设置时间及周期

步骤 5：在图 5-12 所示对话框中，执行如下操作：

1）在“备份类型”参数中，设置备份的对象范围。

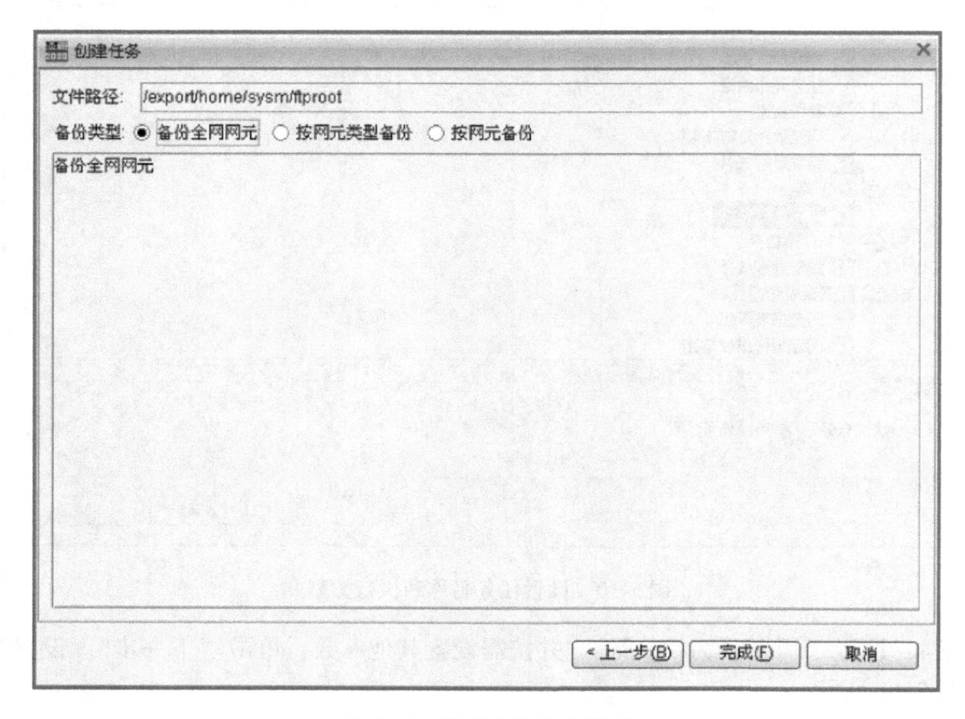

图 5-12　设置备份对象范围

2）如果设置为“按网元类型备份”或者“按网元备份”时，单击“选择”，系统将弹出选择具体网元类型或者网元的对话框。选择需备份数据的网元类型或者网元后，单击“确定”。系统返回到图5-12所示对话框。图5-13为选择“按网元类型备份”时，弹出的对话框。

3）单击“完成”。界面返回到“集中任务管理”的任务列表。

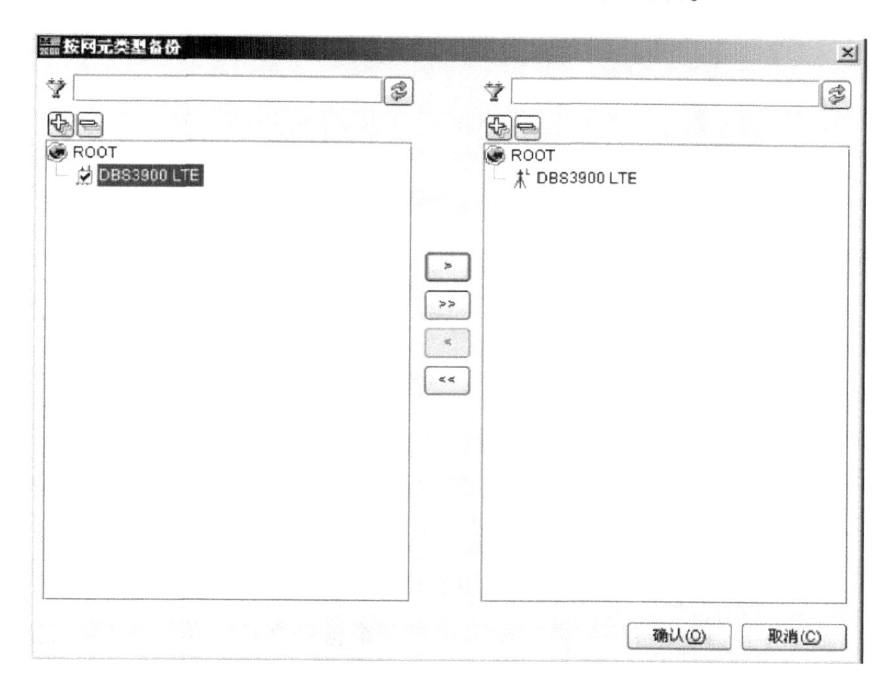

图5-13 选择网元类型

步骤6：在左侧面板中，选择“任务类型 > 备份 > 网元定时备份”，然后在右侧面板的任务列表中，查看刚创建的任务的执行情况。当“进度”显示为“100%”时，表示本周期的任务执行完成。当“执行结果”显示为“全部成功”时，表示本周期的数据备份成功。

（2）手动备份eNodeB配置数据

下面介绍通过M2000客户端采用GUI方式或者MML命令方式，手动备份eNodeB配置数据的过程。

1）GUI方式。

① 在M2000客户端主菜单中，选择“维护 > 备份管理 > 网元备份”。弹出“网元备份”窗口。

② 在“网元备份”界面的左边面板的导航树上面，选择“eNodeB”，然后在导航树中，选择要进行数据备份的eNodeB网元。选择网元如图5-14所示。

③ 单击“备份”。

④ 在弹出的“确认”对话框中，单击“是”。在“网元备份”界面的下方面板中，显示备份任务。当“状态”显示“完成”时，表示该备份任务执行完成。当“信息”显示“成功”时，表示该备份任务执行成功。备份结果如图5-15所示。

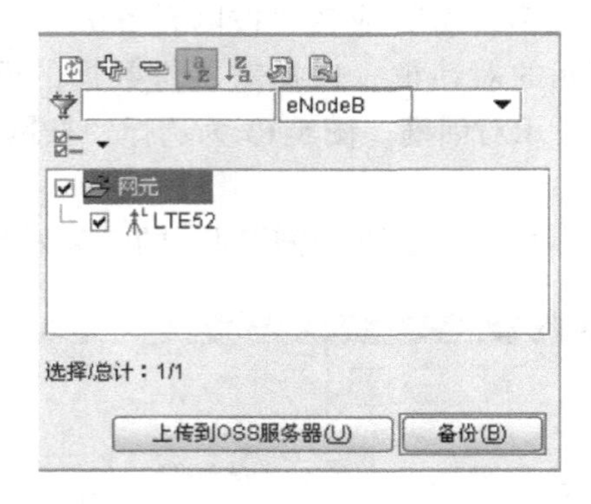

图 5-14　选择网元

操作	状态	网元名称	对象	进度	信息
备份	完成	10.148.18.205	BAKDATA201111021740...	100%	成功

图 5-15　备份结果

当需要恢复配置数据时，执行如下操作：

① 在 M2000 客户端主菜单中，选择“维护 > 备份管理 > 网元备份”。

② 在“网元备份”界面中执行如下操作：

A. 在左侧面板的导航树上面，选择网元类型为“eNodeB”。

B. 在下面的导航树中选择要恢复数据的网元。

C. 在右侧面板的“网元备份列表”中，选择一个备份文件，单击“网元备份列表”右下角的“恢复”。恢复配置数据如图 5-16 所示。

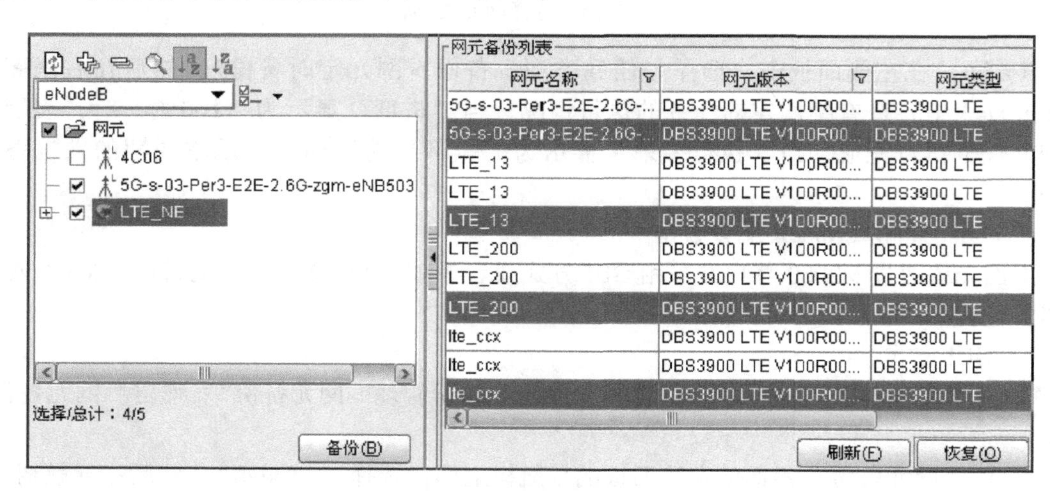

图 5-16　恢复配置数据

2）MML 命令方式。

① 在 M2000 客户端主菜单中，选择“维护 > MML 命令”。

② 在“MML 命令”界面的导航树上面，选择 LTE 的网元类型，然后在导航树中，选择网元。选择网元如图 5-17 所示。

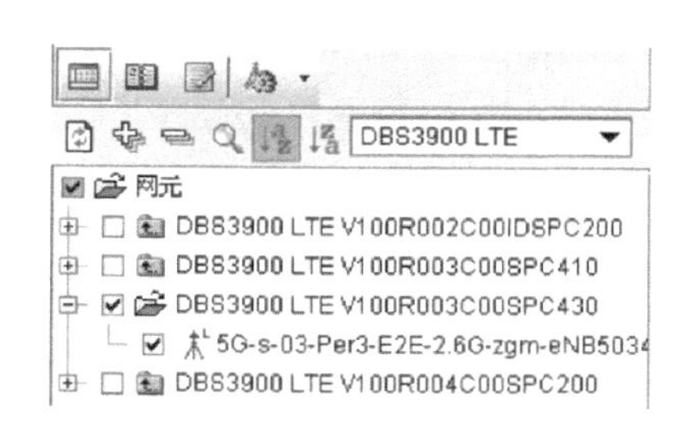

图 5-17　选择网元

③ 在“MML 命令”界面的右侧面板中，执行 MML 命令 BKP CFGFILE，生成数据备份文件。

④ 执行 ULD CFGFILE，将备份文件上传到 FTP 服务器。

其中，“服务器 IP”填写 M2000 服务器的地址。“用户名”为 M2000 服务器的 FTP 用户名，默认为“ftpuser”。“密码”为 M2000 服务器的 FTP 密码，默认为“ftpuser”。

上传文件时不能勾选多个网元，只能单个上传网元，并且上传文件时指定的路径不能相同，否则上传成功后，原文件将被新网元的备份文件覆盖。因此，建议以不同的备份时间来命名不同的上传路径。

上传完成后，可以使用 FTP 客户端软件，在相应路径下查看备份好的 eNodeB 配置数据文件。

当需要恢复配置数据时，执行如下操作：

① 在“MML 命令”界面的左侧面板中，选择待恢复数据的网元。

② 在右侧面板中，执行 MML 命令 DLD CFGFILE，将备份文件下载到网元。

③ 下载完成后，执行 MML 命令 ACT CFGFILE，激活配置文件。

2. 统计 TOP 告警

通过 M2000 客户端可以对 eNodeB 的告警进行统计，分析 TOP 告警的统计结果，了解 1 周内 TOPN 告警的告警级别及数量的分布情况，分析网络运行的质量，排查故障，预防潜在问题。

步骤 1：在 M2000 客户端主菜单中，选择“维护 > 集中任务管理”，弹出“集中任务管理”窗口。

步骤 2：在“集中任务管理”界面的右下角，单击“创建”。

步骤 3：在“创建任务”对话框中，输入“任务名称”，选择“任务类型”为“其他 > 告警检查”，选择“执行类型”为“周期任务”，单击“下一步”。“创建任务”对话框如图 5-18 所示。

步骤 4：设置“周期”为“1 周”，并按需设置其他参数，单击“下一步”。设置任务的时间和周期如图 5-19 所示。

步骤 5：在“告警基本参数”标签中，选择“告警通用 TopN 分析”，设置检查项目的名称、网元、TOP 告警的数量以及其他参数，单击“添加”。设置告警基本参数如图 5-20 所示。检查项目显示在“告警通用 TopN 分析”节点下。可以重复执行此步骤，添加多个检查项目。

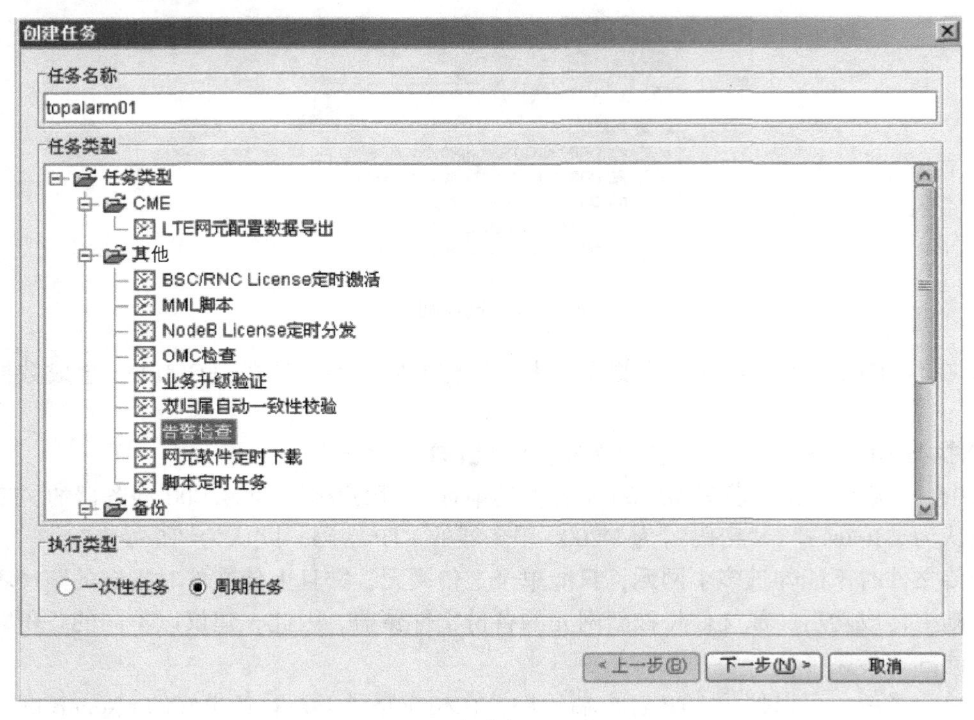

图 5-18　“创建任务”对话框

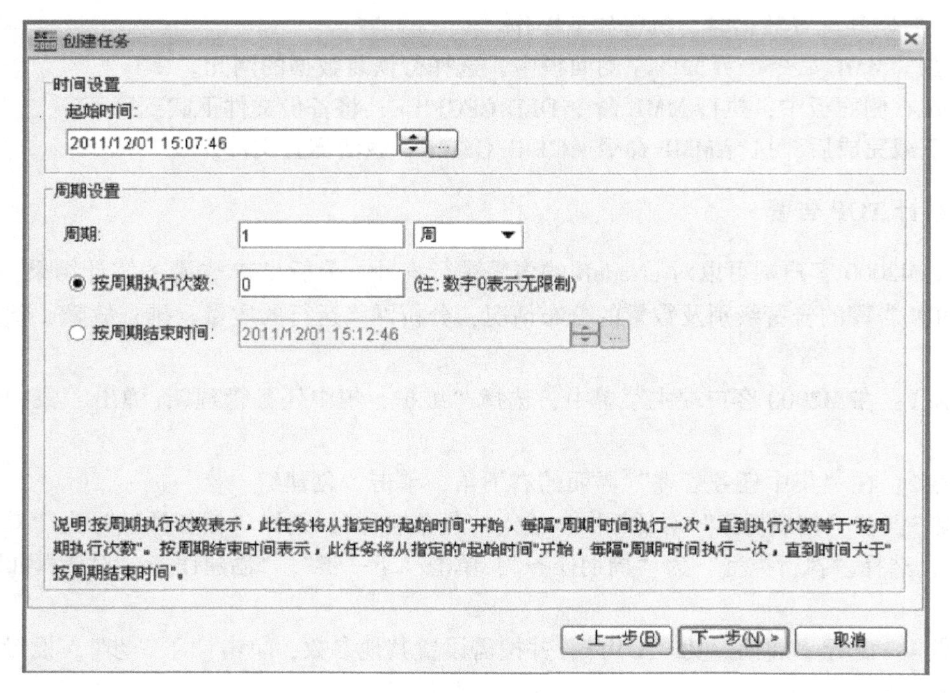

图 5-19　设置任务的时间和周期

步骤6：单击“告警数据时间范围”标签，设置“粒度周期”为“周”，单击“完成”。任务创建完成，会在设定的时间自动执行。

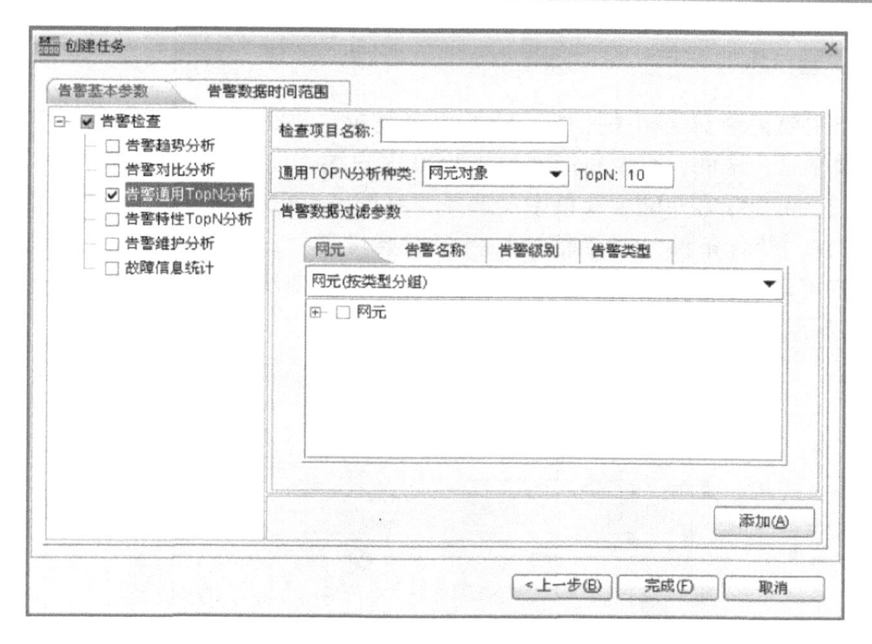

图 5-20 设置告警基本参数

步骤7：在“集中任务管理”界面的左侧导航树中，选择“任务类型＞其他＞告警检查”，查看任务的执行情况。当“进度”显示为“100%”时，表示本周期的任务已执行完成；当“结果”显示为“全部成功”时，表示本周期的任务执行成功。任务完成状态如图5-21所示。

任务名称	执行类型	任务类型	任务类别	创建者	进度	状态	上次执行时间	下次执行时间	周期	结果
topalarm01	周期性	告警检查	用户任务	admin	100%	完成	05/05/2010 16:23:12	05/06/2010 16:23:07	7天	全部成功

图 5-21 任务完成状态

步骤8：在已完成的任务上，单击右键，选择“告警检查报告”。

步骤9：在“告警检查报告”对话框中，双击报告名称，或者选择一个报告，单击“打开”，打开报告。TOP告警统计结果如图5-22所示。

隐藏所有　显示所有

通用告警TopN分析(按网元对象)

网元对象	告警总数	累计次数	告警ID	告警名称	告警级别
Test_Kpi01	112	14	25880	以太网链路故障告警	重要
		12	29240	小区不可用告警	重要
		9	29242	小区无话务量告警	重要
		7	25881	MAC错帧超限告警	次要
		7	26200	单板硬件故障告警	次要
		6	26203	单板软件运行异常告警	重要
		4	26261	未配置时钟参考源告警	次要
		3	26260	系统时钟不可用告警	重要
		3	26266	时间同步失败告警	次要
		2	25888	SCTP链路故障告警	重要
		2	29201	S1接口故障告警	重要
		2	29246	小区模拟负载启动告警	次要

图 5-22 TOP告警统计结果

3. 审计安全日志

安全日志主要记录安全相关操作（例如用户登录、改密码）的执行情况。为了保证用户对系统的操作是合法的，需要每周通过 M2000 客户端查询安全日志和审计安全日志。

步骤 1：在 M2000 客户端主菜单中，选择“系统 > 日志管理 > 统计安全日志”。

步骤 2：在“统计条件”对话框中，根据需要设置“统计项”和“过滤条件”，单击“确认”。设置统计项时，可以在“示例”区域框中，看到统计结果的样式示例。设置统计项如图 5-23 所示。

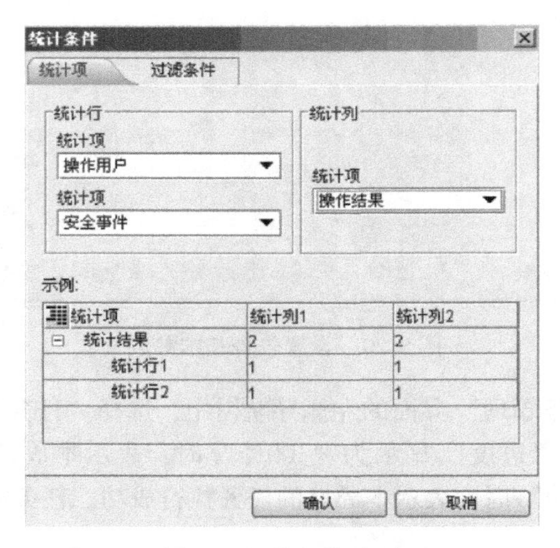

图 5-23　设置统计项

设置过滤条件如图 5-24 所示。

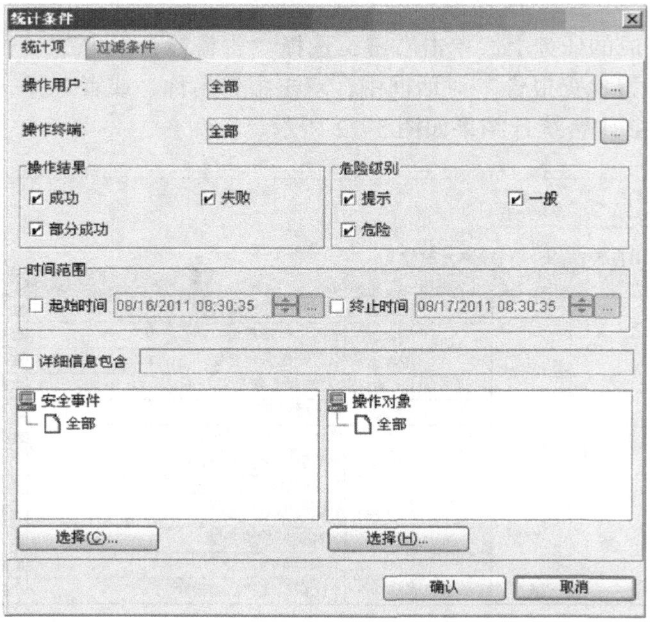

图 5-24　设置过滤条件

返回到“统计安全日志”界面，显示统计结果如图 5-25 所示。

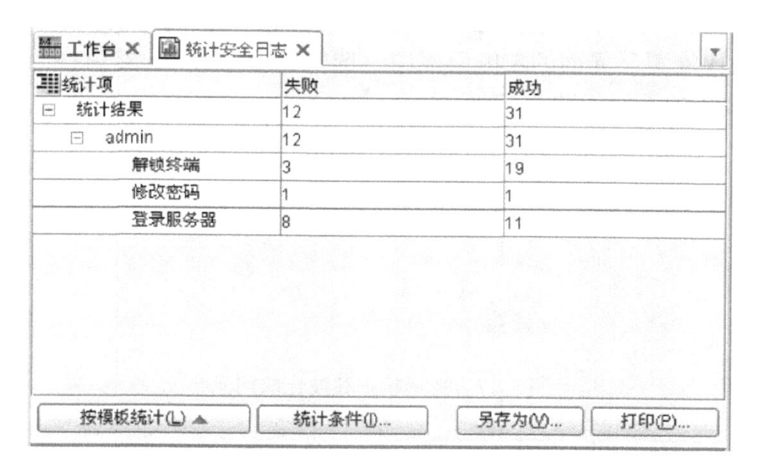

图 5-25 统计结果

步骤 3：单击“另存为”，选择保存的安全日志将默认以 . xls 格式保存。

4. 检查天馈驻波比

负载电压的最大值与最小值的比即为电压驻波比，简称驻波比，通常用来作为判断天馈系统安装正常的标准。驻波比的最小值为 1。驻波比过大将缩短信号的传输距离，而且容易烧坏功率放大器，影响通信系统的正常工作。

（1） 在线查看天馈驻波比

1） 在 M2000 客户端主菜单中，选择“维护 > MML 命令”。

2） 在“MML 命令”界面的导航树上面，选择 LTE 的网元类型，然后在导航树中，选择网元。选择网元如图 5-26 所示。

如果当前网元还未下载相应的 MML 命令配置文件，在选择网元后，会弹出确认是否下载 MML 命令配置文件的对话框。单击“是”，弹出“下载”对话框。下载完成后，单击“确定”。

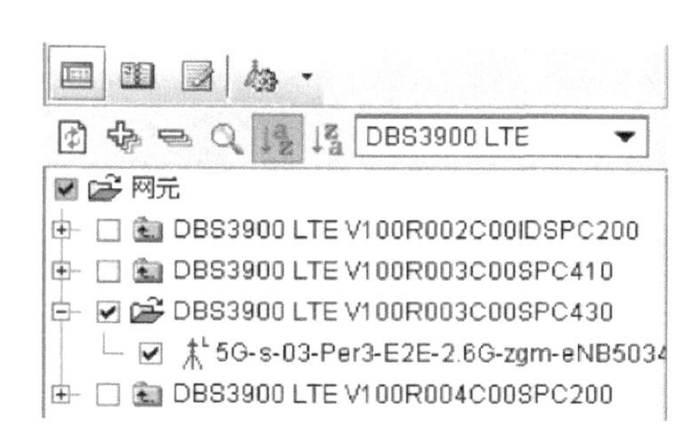

图 5-26 选择网元

3） 在“MML 命令”界面的右侧面板中，执行 DSP VSWR，查看上个周期检测的天馈驻波比。

（2）实时检测天馈驻波比

1）在 M2000 客户端主菜单中，选择“维护 > 射频性能检测 > 驻波比检测”。

2）在“驻波比检测”界面的左侧面板中，选择“eNodeB”，然后在导航树中，选择网元。选择检查驻波比的网元如图 5-27 所示。

图 5-27　选择检查驻波比的网元

3）在右侧面板的右下角，单击“检测”。

4）在弹出的“警告”对话框中，单击“是”。警告如图 5-28 所示。

图 5-28　警告

5）待“驻波比检测”对话框中的进度执行到“100%”后，单击“关闭”。在“驻波比检测”界面的右侧面板的“检测结果”中，显示检测结果如图 5-29 所示。

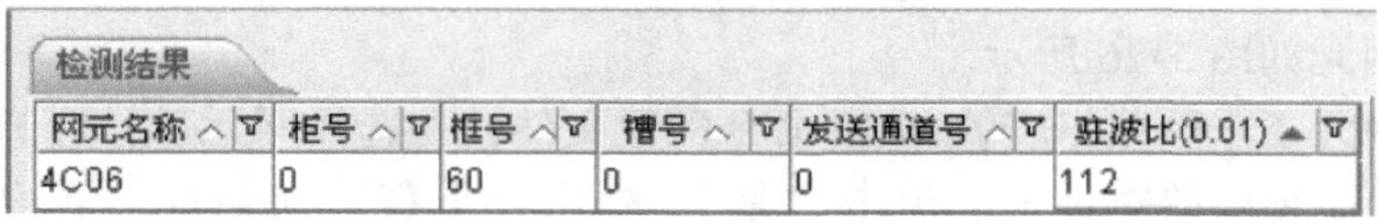

检测结果

网元名称	柜号	框号	槽号	发送通道号	驻波比(0.01)
4C06	0	60	0	0	112

图 5-29　驻波比检测结果

5. 检查设备发射功率

通过 M2000 客户端检查射频模块的发射功率，以便评估并调整设备的状态。

步骤 1：在 M2000 客户端主菜单中，选择“监控 > 信令跟踪 > 信令跟踪管理”。

步骤 2：在左侧导航树中，选择“跟踪类型 > LTE > RRU 性能监控 > RRU 功率输出监控”。

步骤 3：在右侧面板的跟踪列表右下角，单击“创建”。

步骤 4：在“跟踪创建”对话框中，跟踪创建如图 5-30 所示。参考表 5-1，设置参数，单击“下一步”。

“跟踪创建”参数说明如表 5-1 所示。

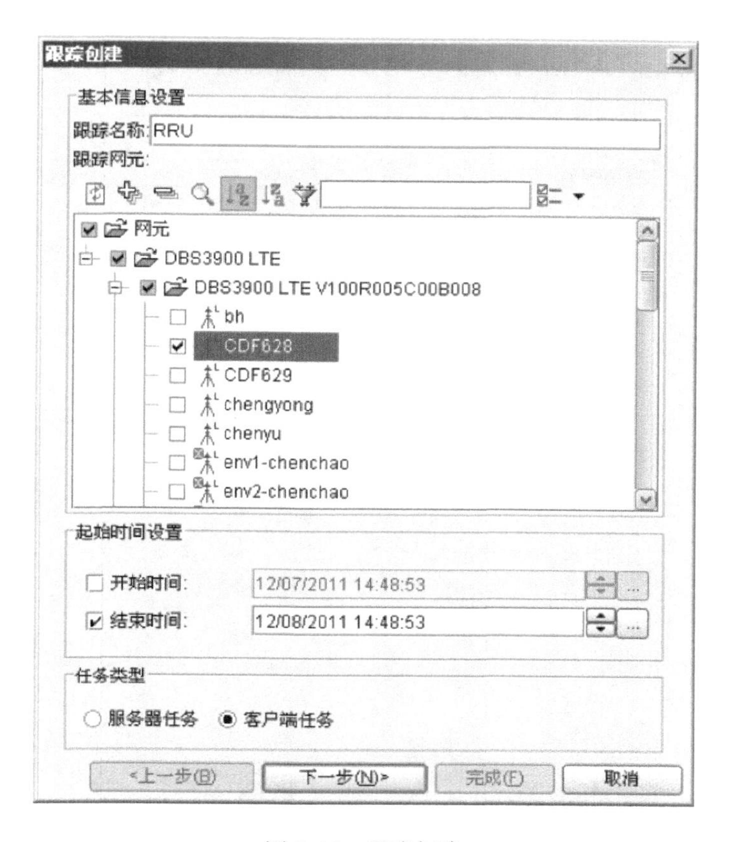

图 5-30　跟踪创建

表 5-1　“跟踪创建”参数说明

参　　数	说　　明
跟踪名称	自定义跟踪名称，输入 1 ~ 50 个字符
跟踪网元	在网元树中选择需要跟踪的网元
起止时间设置	设置“开始时间”和“结束时间”后，任务可以在指定时间定时启动或停止
任务类型	● 服务器任务：M2000 服务器对网元上报的数据进行即时分析处理后再存入服务器的数据库。服务器任务执行时对服务器的性能影响较大 ● 客户端任务：M2000 服务器对网元上报的数据不进行分析处理，转而发送到 M2000 客户端，在 M2000 客户端分析处理后储存在本地 PC。客户端任务执行时对服务器性能影响较小

步骤 5：在“RRU 功率输出监控”对话框中，设置被监控 RRU 的机柜编号、机框编号、槽位编号，以及监测周期，单击“完成”。RRU 功率输出监控如图 5-31 所示。

返回到“信令跟踪管理”界面，在跟踪列表中，可以查看刚创建的任务。

RRU 输出功率跟踪结果如图 5-32 所示。

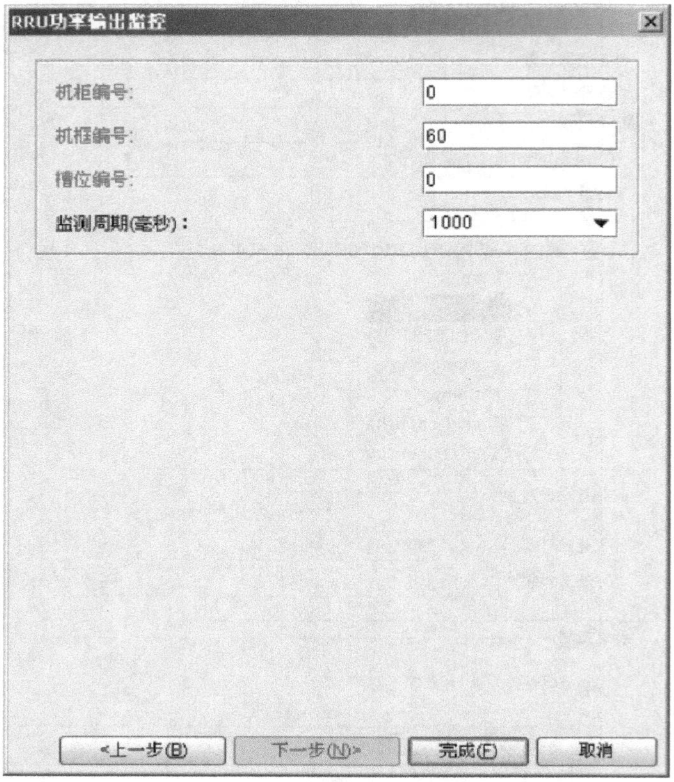

RRU功率输出监控

机柜编号: 0

机框编号: 60

槽位编号: 0

监测周期(毫秒): 1000

<上一步(B)　下一步(N)>　完成(F)　取消

图 5-31　RRU 功率输出监控

TX索引号	载波索引号	TX载波下行频点	TX载波的输出功率(...	TX索引号分枝	载波输出功
0	0	3100	363	0	363
1	0	3100	363	1	363
0	0	3100	363	0	363
1	0	3100	363	1	363
0	0	3100	363	0	363
1	0	3100	363	1	363

图 5-32　RRU 输出功率跟踪结果

5.1.3　月维护

维护操作指导主要介绍每个月需要的维护项目及相应操作步骤，包括检查电源、分析故障及用户投诉和制作网络性能月度报表。

1. 检查电源

检查电源包括检查是否存在电源及蓄电池相关告警、检查电源监控模块的状态和检查蓄电池的状态。

步骤 1：检查是否存在与电源及蓄电池相关的故障告警。

步骤 2：检查 BBU3900 的输入电压。

1）在 M2000 客户端主菜单中，选择“维护 > MML 命令”。

2）在“MML 命令”界面的导航树上面，选择 LTE 的网元类型，然后在导航树中，选择网元。选择网元如图 5-33 所示。

图 5-33 选择网元

如果当前网元还未下载相应的 MML 命令配置文件，在选择网元后，会弹出确认是否下载 MML 命令配置文件的对话框。单击“是”。弹出“下载”对话框。下载完成后，单击“确定”。

3）在“MML 命令”界面的右侧面板中，执行 DSP PMU 命令。“母排电压（伏特）”的值为 BBU3900 的输入电压。电压查询结果如图 5-34 所示。

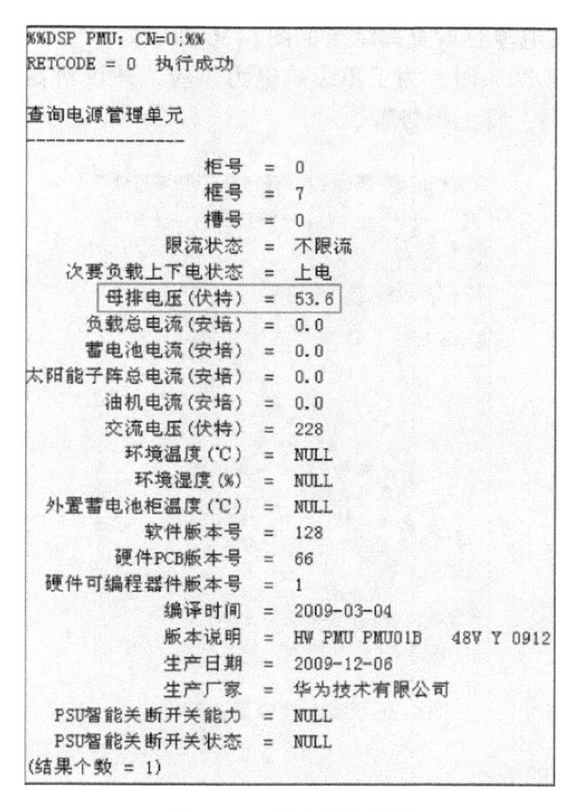

图 5-34 电压查询结果

步骤3：检查蓄电池容量和温度。

1）在M2000客户端主菜单中，选择“维护 > MML命令”。

2）在“MML命令”界面的导航树上面，选择LTE的网元类型，然后在导航树中，选择网元。选择网元如图5-35所示。

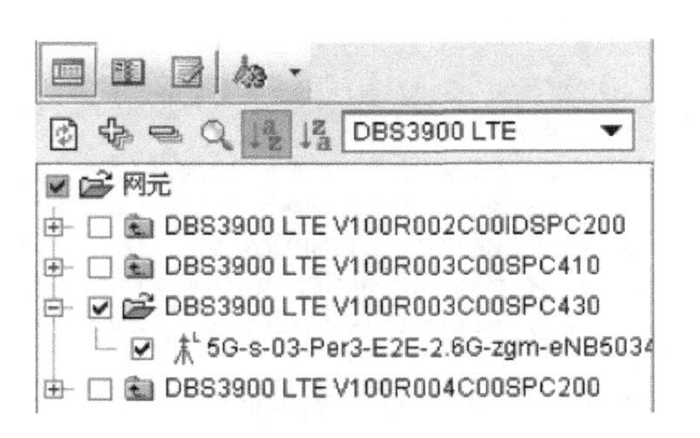

图5-35　选择网元

如果当前网元还未下载相应的MML命令配置文件，在选择网元后，会弹出确认是否下载MML命令配置文件的对话框。单击“是”。弹出“下载”对话框。下载完成后，单击“确定”。

3）在“MML命令”界面的右侧面板中，执行DSP BATTERY命令，查询蓄电池的剩余容量和蓄电池的温度。蓄电池容量查询结果如图5-36所示。

当“剩余容量”小于30%时，为了不影响电力供应，建议对蓄电池充电。当“蓄电池温度”大于或等于50℃时，将上报告警。

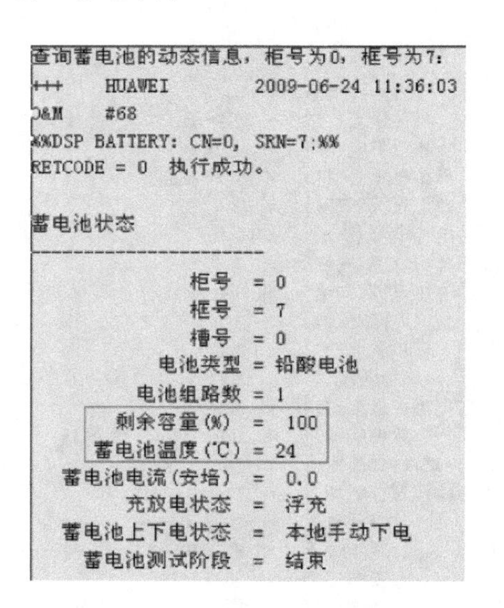

图5-36　蓄电池容量查询结果

步骤4：检查蓄电池的效率。

1）在M2000客户端主菜单中，选择“维护 > MML命令”。

2）在“MML 命令”界面的导航树上面，选择 LTE 的网元类型，然后在导航树中，选择网元。选择网元如图 5-37 所示。

图 5-37　选择网元

3）执行 STR BATTST 命令，测试蓄电池。

4）执行 DSP BATTR 命令，查询蓄电池的效率。蓄电池效率查询结果如图 5-38 所示。

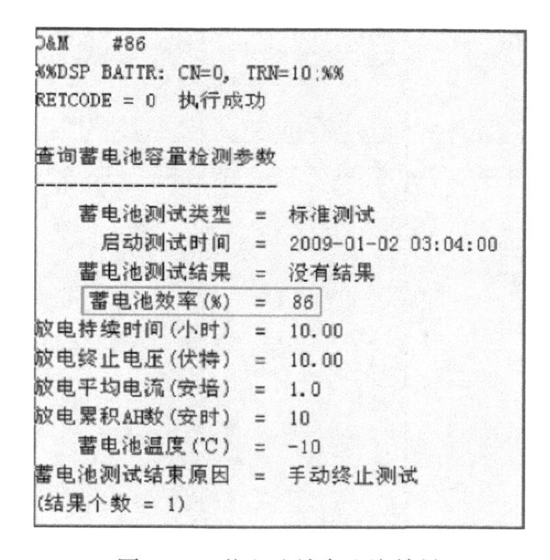

```
O&M    #86
%%DSP BATTR: CN=0, TRN=10;%%
RETCODE = 0  执行成功

查询蓄电池容量检测参数
----------------------
    蓄电池测试类型  =  标准测试
      启动测试时间  =  2009-01-02 03:04:00
    蓄电池测试结果  =  没有结果
    蓄电池效率(%)  =  86
放电持续时间(小时)  =  10.00
放电终止电压(伏特)  =  10.00
放电平均电流(安培)  =  1.0
放电累积AH数(安时)  =  10
    蓄电池温度(℃)  =  -10
蓄电池测试结束原因  =  手动终止测试
(结果个数 = 1)
```

图 5-38　蓄电池效率查询结果

2. 分析故障及用户投诉

分析用户投诉用于定位故障原因及趋势，以便对故障频发点进行处理。

步骤 1：收集本月的用户投诉信息，并判断投诉的故障范围及类别。

步骤 2：定位投诉的故障原因，即通过一定的方法或手段分析、比较各种可能的故障成因，逐步排查，最终确定引发故障的具体原因。

步骤 3：统计本月的投诉故障和异常情况记录，分析故障发展趋势。

步骤 4：对于投诉的故障频发点进行分析，确定问题所在并及时处理。

步骤 5：总结本月的投诉处理经验并提出改进建议。

3. 制作网络性能月度报表

使用 PRS 性能报表功能制作网络性能月报表，检查网络性能状况。通过 M2000 客户端制作性能月度报表，分析一月内网络运行的性能状况。

步骤 1：创建自定义报表（可选，如果当前已有的报表模板不能满足用户的查询需要时执行）。以下步骤以创建一个简单报表为例，介绍创建自定义报表的步骤。

1）在 M2000 客户端主菜单中，选择“报表 > 性能报表 > 报表管理”。

2）打开创建简单报表向导。在“报表管理”的导航树中选择一个报表目录节点，右键选择“新建 > 简单报表”，或者在工具栏中单击快捷按钮 ，选择“简单报表”。

3）在“创建简单报表向导——欢迎”中，了解创建简单报表的主要步骤，单击“下一步”。

4）在“创建简单报表向导——选择对象类型”中，选择报表的对象类型，单击“下一步”。创建简单报表向导——选择对象类型如图 5-39 所示。

其中，对象类型导航树按照“厂商类型 > 网元类型 > 对象类型”的顺序排列。

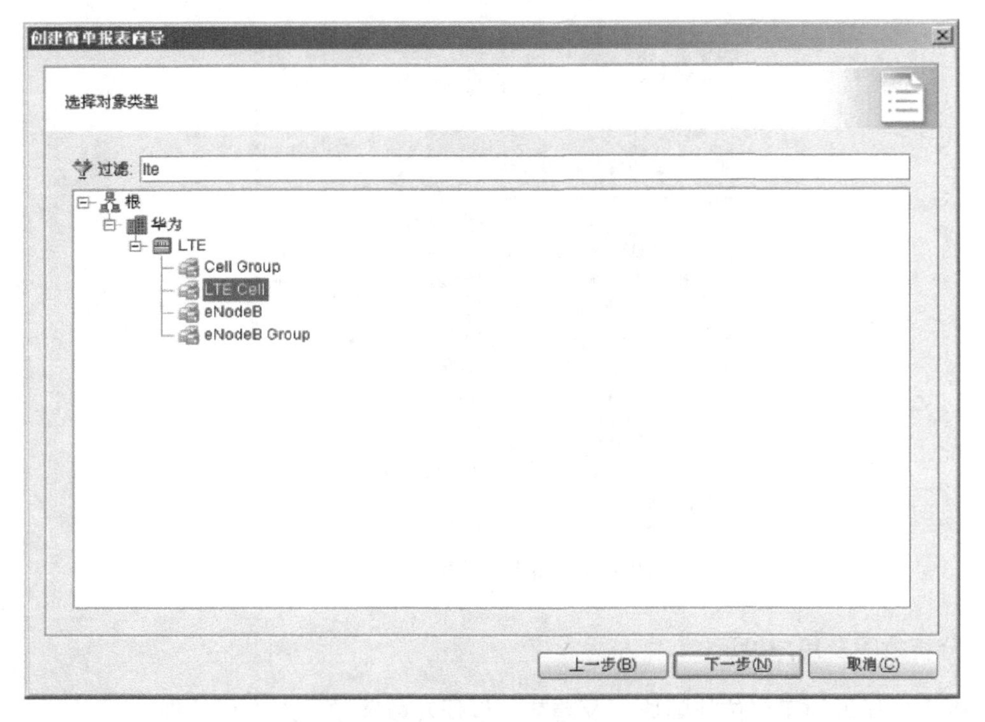

图 5-39　创建简单报表向导——选择对象类型

5）设置报表的指标、样式、过滤条件和 TopN 条件。

① 在弹出的“设置子报表”对话框中，单击“基本信息”标签，设置子报表的名称和样式。

② 单击“指标选择”标签，选择指标。

③ 单击“过滤条件”标签（可选）。在标签空白框处，单击右键，按表 5-2 的说明选择右键菜单，设置过滤条件。设置过滤条件如图 5-40 所示。

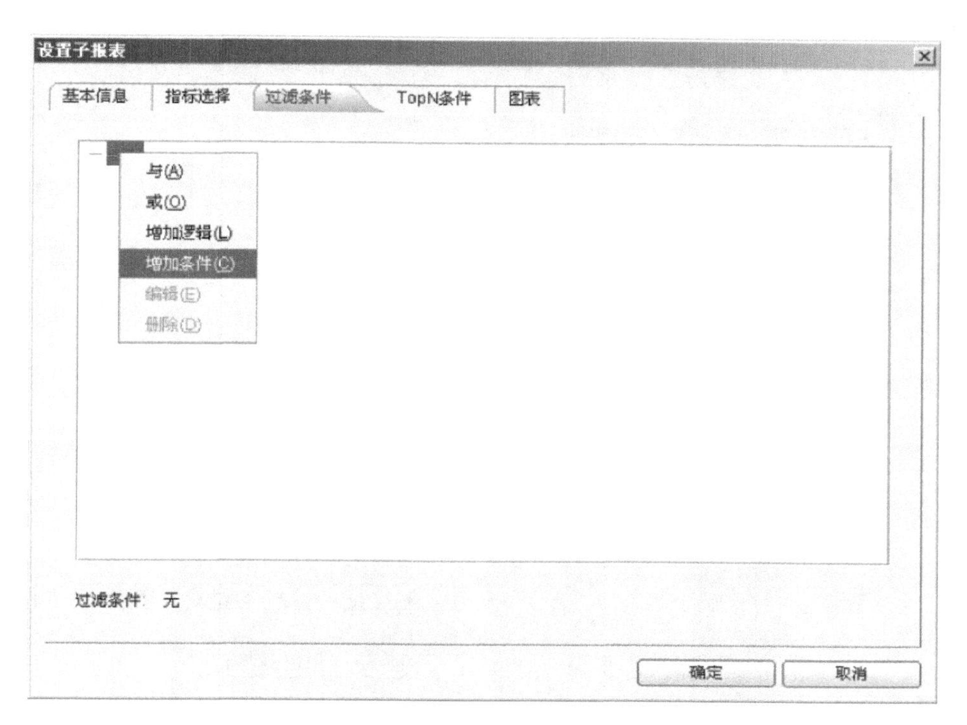

图 5-40　设置过滤条件

过滤条件设置参数说明如表 5-2 所示。

表 5-2　过滤条件设置参数说明

右 键 菜 单	说　　明
与	表示将当前节点的逻辑关系改为“与”
或	表示将当前节点的逻辑关系改为“或”
增加逻辑	表示在当前节点增加一个逻辑关系
增加条件	表示在当前节点下增加一个条件，可以在条件设置界面中编辑所需要的条件，例如，需要的条件为 Cell_SectorID > 10，则可以这样设置： Cell_SectorID ▼ > ▼ 10
编辑	当选中一个条件时，“编辑”才可用，表示可以重新编辑条件
删除	用于删除选中的节点下的逻辑关系或者条件

④ 单击“TopN 条件”标签，设置 TopN 过滤条件（可选）。

⑤ 单击“图表”标签，选择报表样式为图形报表或者表格报表。

⑥ 单击“确定”。

6）在“创建简单报表向导——设置子报表”中，单击“下一步”。创建简单报表向导——设置子报表如图 5-41 所示。

7）在“创建简单报表向导——设置对象条件”中，设置“对象维度”和“对象选择”后，单击“下一步”。

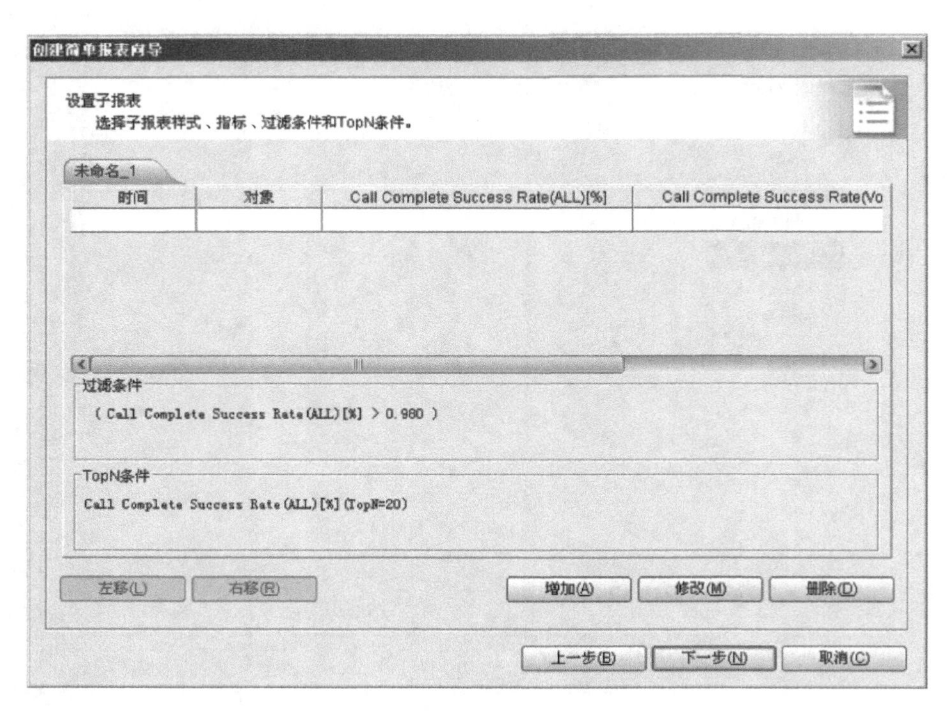

图 5-41　创建简单报表向导——设置子报表

另外，可以按“Ctrl + F”跳转到“搜索”标签，输入搜索条件，快速定位到需要的节点。创建简单报表向导——设置对象条件如图 5-42 所示。

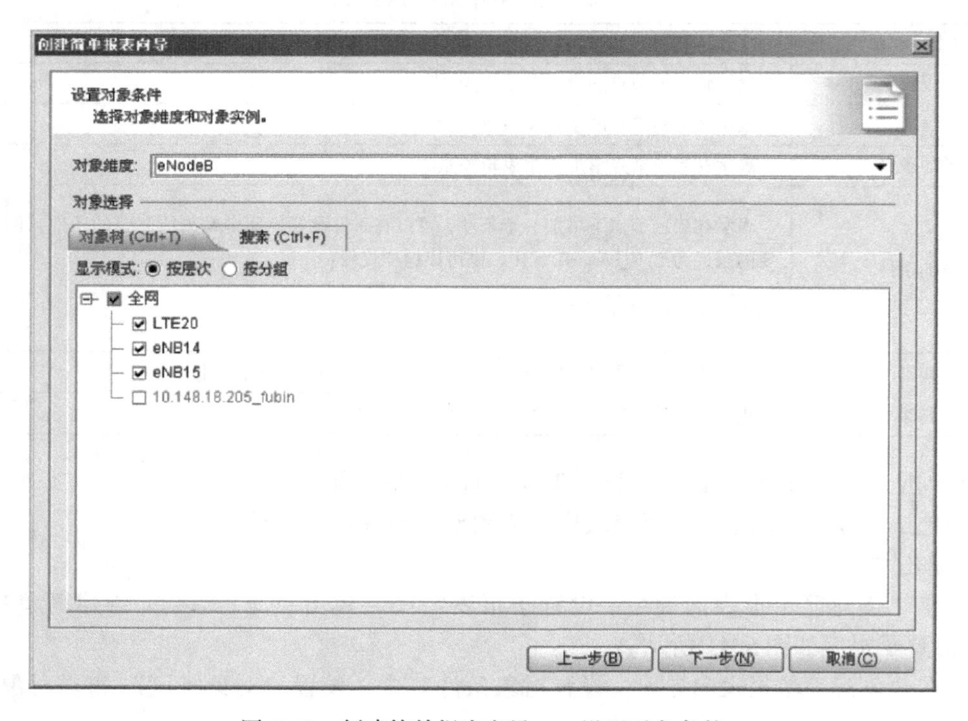

图 5-42　创建简单报表向导——设置对象条件

8）在“创建简单报表向导——设置时间条件”中，设置“时间维度”“日期选择”和“时段选择”后，单击“下一步”。

创建周期性报表时，建议将“日期选择”设置为相对日期。创建简单报表向导——设置时间条件如图5-43所示。

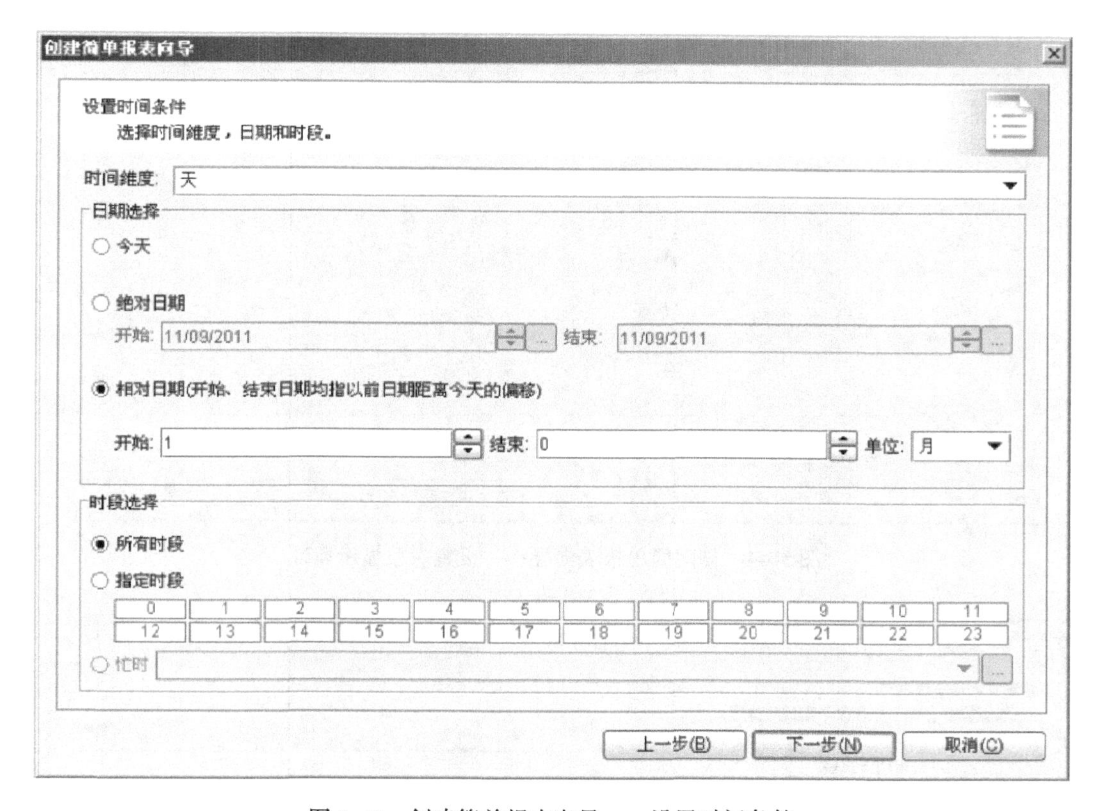

图5-43 创建简单报表向导——设置时间条件

9）在“创建简单报表向导——设置对象显示属性”中，设置对象显示属性后，单击“下一步”。创建简单报表向导——设置对象显示属性如图5-44所示。

10）在“创建简单报表向导——设置报表基本信息”中，设置“报表名称”“报表目录”和“报表描述”后，单击“下一步”。创建简单报表向导——设置报表基本信息如图5-45所示。

11）在“创建简单报表向导——完成”中，确认报表信息的正确性，单击“完成”。创建简单报表向导——完成如图5-46所示。

步骤2：创建报表定时任务。

1）在M2000客户端主菜单中，选择“报表 > 性能报表 > 定时报表管理”。

2）在“定时报表管理”的报表导航树中选择一个需要设置定时任务的报表节点，单击右键，选择“新建定时任务”。

3）在“创建报表定时任务向导——欢迎界面”中，了解创建报表定时任务的主要步骤，单击“下一步”。

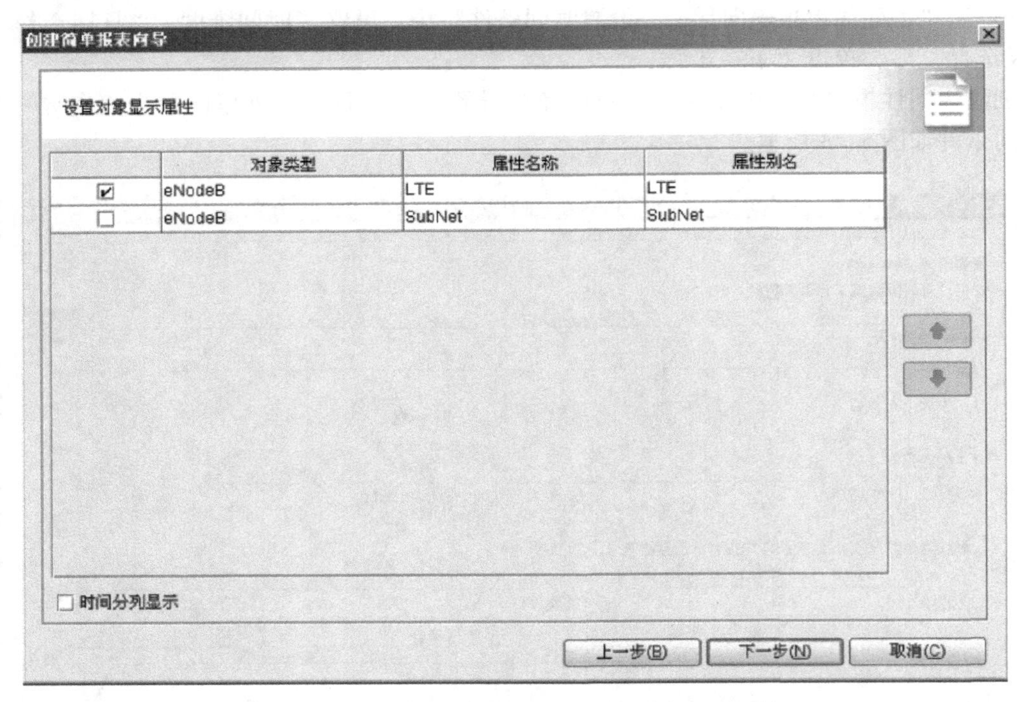

图 5-44　创建简单报表向导——设置对象显示属性

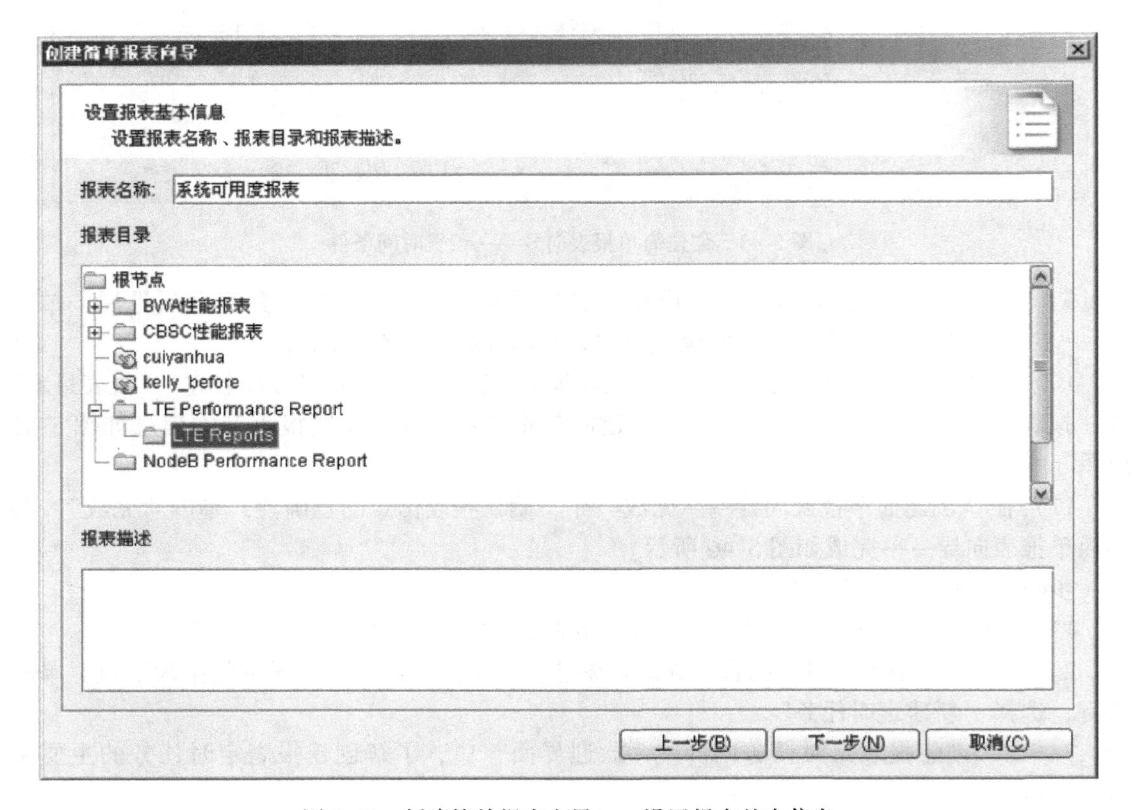

图 5-45　创建简单报表向导——设置报表基本信息

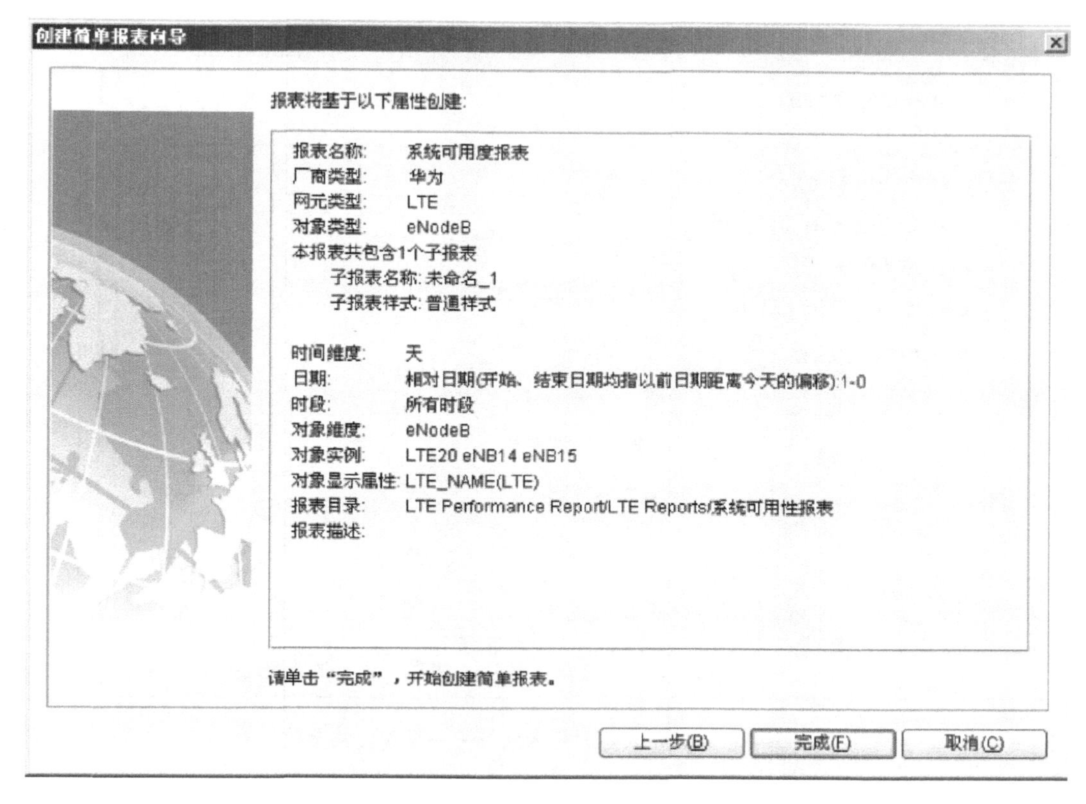

图 5-46　创建简单报表向导——完成

4）在“创建报表定时任务向导——设置公共参数”中，设置“基本信息”后，单击“下一步”。

其中，建议设置“执行类型”为“周期性”，“执行周期”为 1 月。创建报表定时任务向导——设置公共参数如图 5-47 所示。

5）在“创建报表定时任务向导——设置扩展参数”中，设置报表存放在 PRS 服务器上的路径、文件名、文件格式和保存的报表数量后，单击“下一步”。创建报表定时任务向导——设置扩展参数如图 5-48 所示。设置“保存路径”和“文件名称”时，在输入框中按“Alt + $”，或单击右键，选择“加入宏”，将出现预定义宏列表，可以在宏列表中选择宏。输入完成后，单击右键，选择“检查宏”，可以验证输入框中的宏是否有效。所有宏将以“$$”方式引用。

6）在“创建报表定时任务向导——分发设置”中，设置“邮件分发”“FTP 分发”或“短信分发”（可选，需要将报表定时分发到用户邮箱、短信接收号码或 FTP 服务器中时执行），单击“下一步”。创建报表定时任务向导——分发设置如图 5-49 所示。

7）在“创建报表定时任务向导——完成”中，确认参数已经设置正确后，单击“完成”。创建报表定时任务向导——完成如图 5-50 所示。报表定时任务创建完成后，到了设定的时刻，系统将会自动生成报表文件（报表文件存储在 PRS 服务器上）、分发报表文件（如果设置了分发邮件、短信或者 FPT 服务器）以及删除过期的报表文件。

步骤 3：分析统计结果，并对相应内容进行判断。

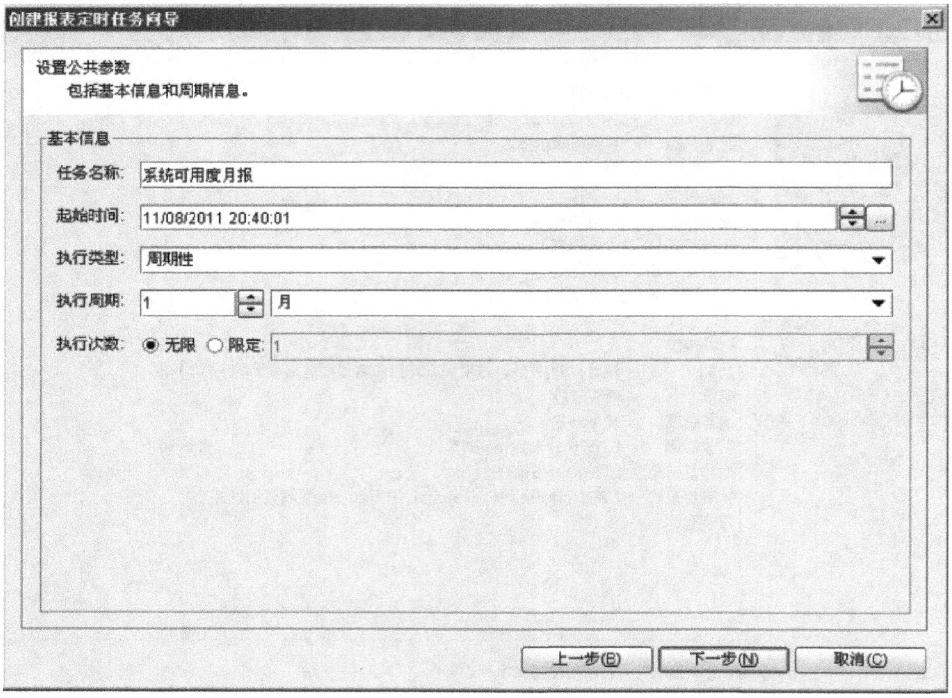

创建报表定时任务向导

设置公共参数

包括基本信息和周期信息。

基本信息

任务名称: 系统可用度月报

起始时间: 11/08/2011 20:40:01

执行类型: 周期性

执行周期: 1 月

执行次数: 无限 限定: 1

上一步(B) 下一步(N) 取消(C)

图 5-47 创建报表定时任务向导——设置公共参数

创建报表定时任务向导

设置扩展参数

包括文件格式，是否压缩，保留最近任务次数。

扩展参数

报表名称: 系统可用度报表

保存路径: /export/home/omc/var/prs/result_file/$TaskName$/

文件名称: $TaskName$-$Datetime$

保存的文件格式: Excel 压缩文件

保存最近文件的数量: 12 限定

上一步(B) 下一步(N) 取消(C)

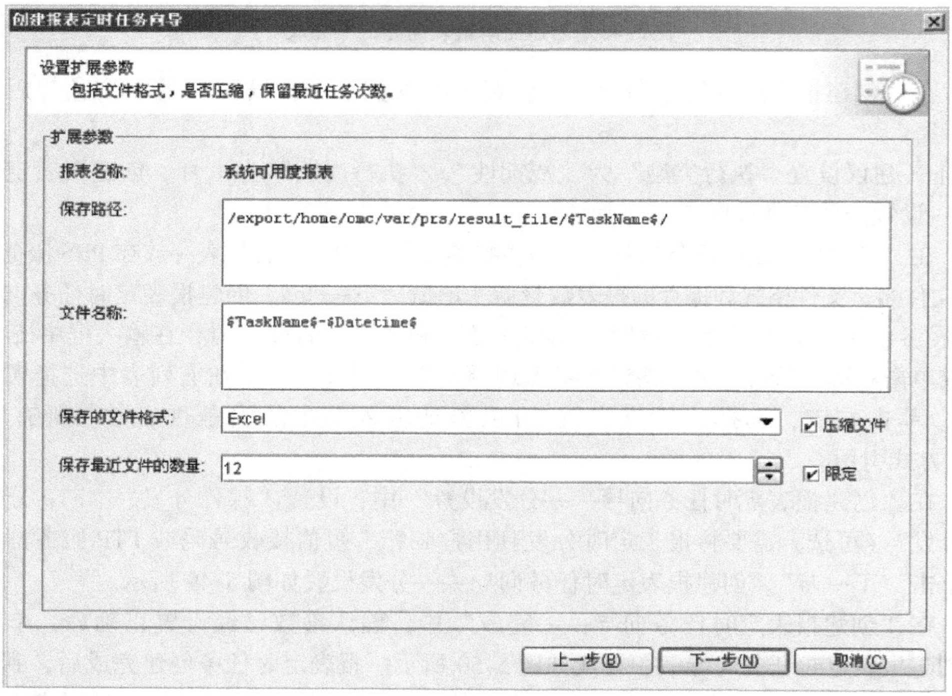

图 5-48 创建报表定时任务向导——设置扩展参数

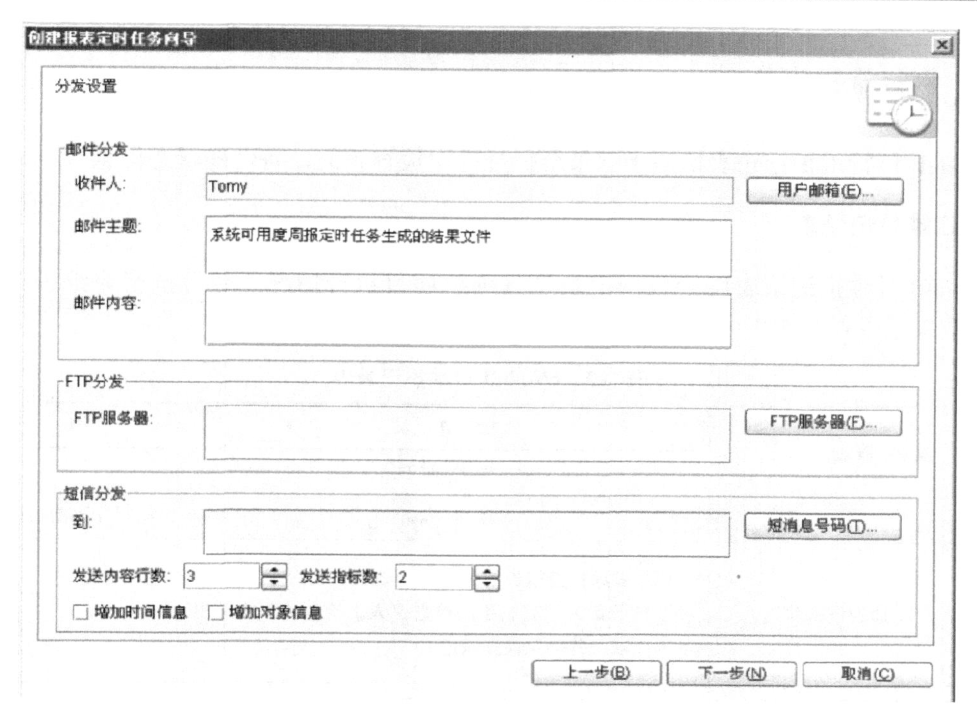

图 5-49　创建报表定时任务向导——分发设置

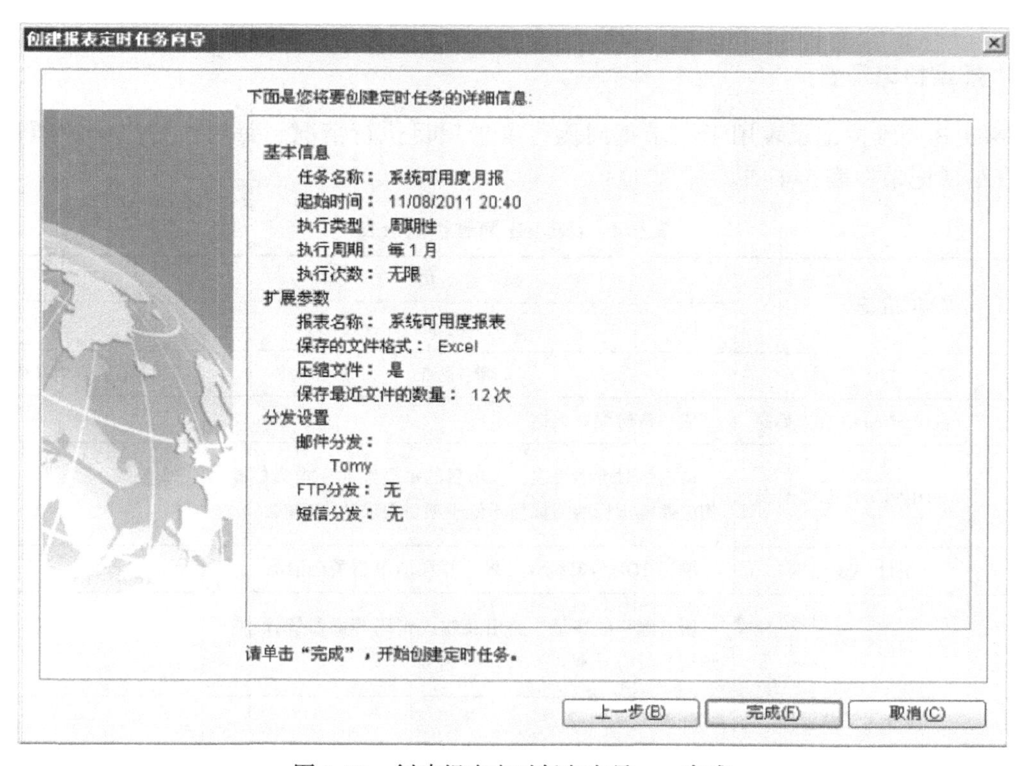

图 5-50　创建报表定时任务向导——完成

5.1.4 例行维护表单

eNodeB 例行维护记录表格用于记录维护过程中检查到的设备性能状态信息。

1. 日维护记录表

eNodeB 日维护记录表用于现场记录每日维护项目执行情况。每日执行完维护项目后，将检查结果记录在表 5-3 中。

表 5-3 eNodeB 日维护记录表

基本信息		操 作 员	
		操作时间	
序号	项 目	参考标准	说明（当前结果描述）
1	监控设备状态	网元健康检查报告中的“不通过项”和“执行失败项”的数量为“0”，手动检查“人工检查项”中列出的检查项，并确保检查通过	—
2	检查忙时性能	输出忙时性能报表，以项目的忙时性能要求为标准，相应性能指标的忙时性能不低于项目要求的忙时性能	—

2. 周维护记录表

eNodeB 周维护记录表用于记录每周例行维护项目执行情况。每周执行完维护项目后，将检查结果记录在表 5-4 中。

表 5-4 eNodeB 周维护记录表

基本信息		操 作 员	
		操作时间	
序号	项 目	参考标准	说明（当前结果描述）
1	备份 eNodeB 配置数据	成功备份配置数据	—
2	制作网络性能周报表	输出忙时性能报表，以项目的每周性能要求为标准，相应性能指标的指标值不低于项目要求的指标值	—
3	统计 TOP 告警	输出 TOP 告警统计结果，并且 TOP 告警已清除	—
4	审计安全日志	所有账户的登录，退出及修改密码等操作统计符合预期，没有异常	—
5	检查天馈驻波比	驻波比为 1～2	—
6	检查设备发射功率	设备发射功率 = 理论发射功率 ±0.5dBm	—

3. 月维护记录表

eNodeB 月维护记录表用于记录每月例行维护项目执行情况。每月执行完维护项目后，将检查结果记录在表 5-5 中。

表 5-5 eNodeB 月维护记录表

基本信息		操作员	
		操作时间	
序号	项目	参考标准	说明（当前结果描述）
1	检查电源	● 不存在电源及蓄电池相关的故障告警，如果存在告警，需及时清除 ● BBU3900 的输入电压（即“母排电压”）范围在 DC -38.4V ~ -57V 之内 ● 蓄电池容量大于 30% ● 蓄电池的温度低于 50℃ ● 蓄电池效率大于 80%	—
2	分析用户投诉	统计投诉及故障，分析故障和异常记录，对频发故障做排查，输出本月分析报告	—
3	制作网络性能月度报表	输出网络性能周报表，并且以项目的每周性能要求为标准，相应性能指标的指标值不低于项目要求的指标值	—

5.1.5 例行维护命令

常用的例行维护操作命令及含义如表 5-6 所示。

表 5-6 常用的例行维护操作命令及含义

序号	操作命令	含义
1	LST ALMAF	查询活动告警
2	LST ALMCFG	查询告警配置
3	LST ALMLOG	查询告警日志
4	LST KPIALARM	查询 KPI 告警
5	LST SECLOG	查询安全日志
6	LST VER	查询当前软件版本
7	LST SOFTWARE	查询软件版本
8	DSP BRDVER	查询单板软件版本信息

（续）

序　号	操作命令	含　义
9	DSP SOFTSTATUS	查询网元软件管理状态
10	DSP BSSTATUS	查询网元工程状态
11	DSP MNTMODE	查询网元当前状态
12	LST MNTMODE	查询基站工程状态
13	DSP BSMODE	查询基站工作形态
14	LST ENODEB	查询基站配置信息
15	DSP ENODEB	查询基站动态信息
16	DSP LOCALETHPORT	查询近端维护网口状态
17	LST LOCALIP	查询近端维护 IP 地址配置信息
18	LST OMCH	查询远端维护通道配置信息
19	DSP IPRT	查询 IP 路由表
20	DSP SFP	查询光电模块动态信息
21	DSP CPRIPORT	查询 CPRI 端口动态信息
22	DSP ETHPORT	查询以太网端口状态
23	LST NETSTATE	查询设备上运行的端口信息
24	LST ENODEB	基站类型检查
25	LST GTRANSPARA	查询基站速率配置方式
26	DSP PMU/DSP FMU/DSP EMU	查询电源/风扇/环境监控模块状态
27	DSP VSWR	查询驻波测试结果
28	LST RRU	检查天馈驻波比告警门限
29	DSP TXBRANCH	查询 RRU 发射通道动态信息
30	DSP RXBRANCH	查询 RRU 接收通道动态信息
31	LST RXBRANCH	查询 RRU 接收通道配置信息
32	DSP RRUCHAINPHYTOPO	查询 RRU 物理信息
33	LST CABINET	查询机柜配置信息
34	LST SUBRACK	查询机框配置信息
35	LST BBP	查询基带处理板工作模式
36	DSP ANTENNAPORT	查询天线端口动态信息
37	LST SECTOR	查询扇区配置信息
38	DSP SECTOR	查询扇区动态信息
39	LST PDSCHCFG	检查参考信号功率

（续）

序　　号	操 作 命 令	含　　义
40	LST CELL	查询 UE 最大允许发射功率
41	DSP CELL	小区状态检查
42	DSP S1INTERFACE	查询 S1 接口
43	DSP X2INTERFACE	查询 X2 接口
44	DSP IPPATH	查询 IP Path 状态
45	LST IPPATH	查询 IP Path 配置信息
46	DSP SCTPLNK	查询 SCTP 链路状态
47	LST SCTPLNK	查询 SCTP 链路配置信息
48	DSP DEVIP	查询设备 IP 地址
49	DSP CPUUSAGE	查询 CPU/DSP 占有率
50	DSP MEMUSAGE	查询内存占用率
51	LST CFGFILE	查询备份配置数据文件
52	ULD CFGFILE	上传备份配置数据文件
53	DLD CFGFILE	下载备份配置数据文件
54	ACT CFGFILE	激活备份配置数据文件
55	BKP CFGFILE	备份 eNodeB 配置数据
56	DSP CFGFILEACTSTAT	查询配置数据文件激活状态
57	LST EMS	查询 EMS 信息 （网元管理系统）
58	LST FTPSCLT	查询 FTP 客户端的参数 （传输加密模式）
59	LST OP	查询操作员
60	LST CELLSEL	查询小区最低 RSRP （RSRQ）

5.2 故障处理

5.2.1 故障处理的流程

故障处理的总体流程如图 5-51 所示。

根据故障处理总体流程，处理故障的总体步骤如表 5-7 所示。

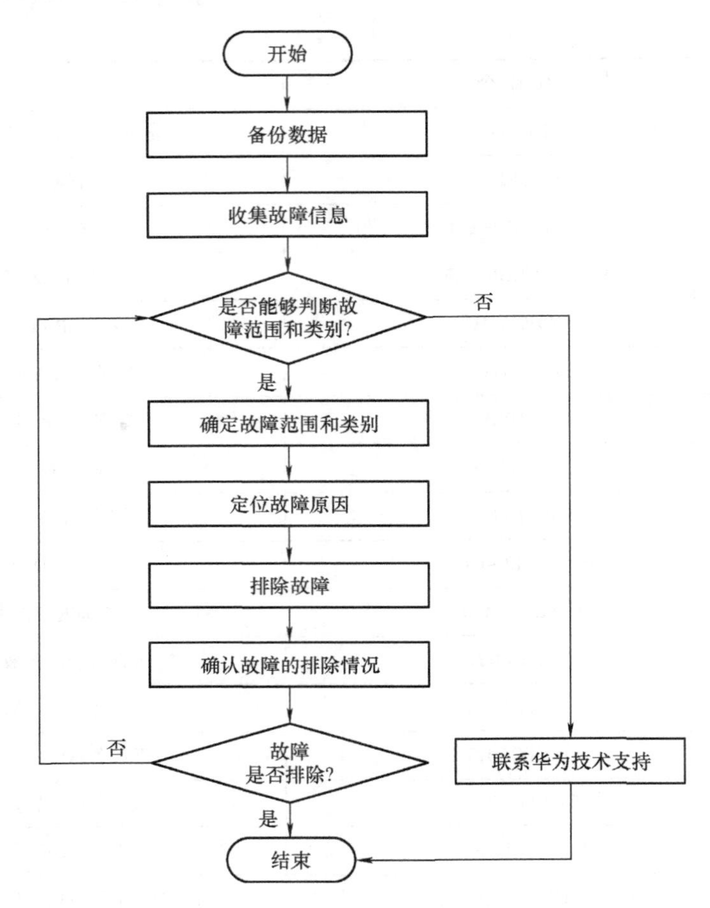

图 5-51　故障处理的总体流程

表 5-7　处理故障的总体步骤

序号	步　　骤	说明
1	备份数据	需备份的数据包括数据库、告警信息、日志文件等
2	故障信息收集	故障信息是故障处理的重要依据，任何一个故障的处理过程都是从维护人员获得故障信息开始，维护人员应尽量收集需要的故障信息
3	确定故障范围和类别	根据故障现象，确定故障的范围和种类
4	定位故障原因	根据故障现象，结合故障信息，从众多可能原因中找出故障原因
5	排除故障	确定故障原因后，采取适当的措施或步骤排除故障
6	确认故障是否排除	在执行故障排除步骤后，还需要验证故障是否已被排除 如果故障已排除，故障处理结束；如果故障未排除，返回到确定是否可以判断为另一个故障范围和类别
7	联系华为技术支持	如果无法确定故障的范围和种类，或者无法排除故障，请联系华为技术支持

5.2.2 故障处理的方法

1. 备份数据

为确保数据安全，在故障处理的过程中，用户应首先保存现场数据，备份相关数据库、告警信息、日志文件等。

2. 故障信息收集

故障信息是故障处理的重要依据。任何一个故障的处理过程都是从维护人员获得故障信息开始，维护人员应尽量收集需要的故障信息。

在故障处理前，请收集以下的故障信息：

1）具体的故障现象。

2）故障发生的时间、地点、频率。

3）故障的范围、影响。

4）故障发生前设备运行状况。

5）故障发生前对设备进行了哪些操作、操作的结果是什么。

6）故障发生后采取了什么措施、结果是什么。

7）故障发生时设备是否有告警、告警的相关/伴随告警是什么。

8）故障发生时是否有单板指示灯异常。

一般可以通过以下途径收集需要的故障信息：

1）询问申告故障的用户/客户中心工作人员，了解具体的故障现象、故障发生时间、地点、频率。

2）询问设备操作维护人员了解设备日常运行状况、故障现象、故障发生前的操作以及操作的结果、故障发生后采取的措施及效果。

3）观察单板指示灯，观察操作维护系统以及告警管理系统以了解设备软、硬件运行状况。

4）通过业务演示、性能测量、接口/信令跟踪等方式了解故障发生的范围和影响。

在信息收集时应注意以下几点：

1）在遇到故障特别是重大故障时，用户应具有主动收集相关故障信息的意识，建议先了解清楚相关情况后再决定下一步的工作，切忌盲目处理。

2）应加强横向、纵向的业务联系，建立与其他局所或相关业务部门维护人员的良好业务关系，有助于信息交流、技术求助等。

故障信息种类如表5-8所示。

表 5-8　故障信息种类描述

种　类	属　性	描　述
原始信息	定义	通过用户故障申告，其他局所故障通告、维护中发现的异常等反映出来的故障信息，以及维护人员在故障初期通过各种渠道和方法收集到的其他相关信息的总和，是进行故障判断与分析的重要原始资料
	用途	主要用来判断故障的范围和确定故障的种类。原始信息在故障处理的初期阶段，为缩小故障判断范围、初步定位问题提供判据，不仅可以用在用户故障的处理上，也可以用在其他故障特别是中继故障的处理上
	参考	无
告警信息	定义	指 eNodeB 告警系统输出的信息，涉及硬件、链路、中继、CPU 负荷等 eNodeB 的各个方面，信息量大且全，主要包括故障或异常现象的具体描述、故障发生的原因、故障修复建议等，是进行故障分析和定位的重要依据之一
	用途	主要用于查找故障的具体部位或原因。由于 eNodeB 告警系统输出的告警信息丰富、全面，因此可以用来直接定位故障的原因，或配合其他方法共同定位故障
	参考	告警系统的使用说明请参见《M2000 联机帮助》，每条告警的详细说明请参见《eNodeB 告警参考》
指示灯状态	定义	反映单板的工作状况以及电路、链路、光路、节点等的工作状态，是进行故障分析和定位的重要依据之一
	用途	主要用于快速查找大致的故障部位或原因，为下一步的处理提供思路。由于指示灯所包含的信息量相对有限，因此需要与告警信息配合使用
	参考	各单板指示灯的状态说明，请参见相应的硬件描述文档
性能指标	定义	对呼叫中的各种情况，如掉话、切换等进行实时统计，是分析业务类故障（掉话类、切换类等）有力工具，能够及时地找出引起业务类故障的主要因素并加以有效地防范
	用途	主要与信令跟踪、信令分析等配合使用，在定位掉话率过高、切换成功率低、呼叫异常等业务类故障方面有着重要的作用，常用于全网 KPI 分析和性能监测
	参考	性能指标的使用说明请参见《M2000 联机帮助》，每个指标的含义请参见《eNodeB 性能指标参考》

3. 确定故障范围和类别

根据故障现象，确定故障的范围和种类。eRAN 故障主要分为业务类和设备类故障。

业务类故障包括：

1）接入类故障：用户无法接入，接入成功率低。

2）切换类故障：同频/异频切换，切换成功率低。

3）掉话类故障：切换掉话，异常释放。

4）异系统互操作类故障：异系统切换异常。

5）速率类故障：速率低或者无速率，速率波动。

设备类故障包括：

1）小区类故障：小区建立失败、小区激活失败。

2）维护通道类故障：OMCH 断链、闪断、CPRI 链路异常、S1/X2/SCTP/IPPATH 链路异常、IP 传输异常。

3）时钟类故障：时钟参考源故障、IP 时钟链路故障、系统时钟失锁故障。

4）安全类故障：IPSec 隧道异常、SSL 协商异常、数字证书处理异常。

5）射频类故障：驻波异常、接收通道 RTWP 异常、ALD 链路异常。

6）License 类故障：License 安装/调整失败。

4. 定位故障

故障定位就是从众多可能原因中找出故障原因的过程，通过一定的方法或手段分析、比较各种可能的故障成因，不断排除非可能因素，最终确定故障发生的具体原因。

设备类故障相对业务类故障简单，虽然故障种类多，但是故障范围较窄，系统会有单板指示灯异常、告警和错误提示等信息。用户根据指示灯信息、告警处理建议或者错误提示，可以排除大多数的故障。

业务类故障定位方法主要包括如下几种：

1）接入类故障：一般通过依次检查 S1 接口、UU 接口，逐段定位，根据接口现象判断是否为 eRAN 故障。如果是 eRAN 内部问题，再继续定位。

2）速率类故障：一般先查看是否有接入类故障，若有接入类故障先按照接入类故障进行排查，然后再通过查看 IPPATH 流量，最终确定故障点。

3）切换类故障：一般启动信令跟踪，对照协议流程，判断故障点。

5. 排除故障

故障排除是指采取适当的措施或步骤清除故障、恢复系统的过程，如检修线路、更换单板、修改配置数据、倒换系统、复位单板等。根据不同的故障按照不同的操作规程操作，进行故障排除。

故障排除之后要注意：

1）故障排除后需要进行检测，确保故障真正被排除。

2）故障排除后需要进行备案，记录故障处理过程及处理要点。

3）故障排除后需要进行总结，整理此类故障的防范和改进措施，避免再次发生同类故障。

6. 确认故障是否排除

通过查询设备状态、查看单板指示灯和告警等方法确认系统已正常运行，并进行相关测试，确保故障已经排除，业务恢复正常。

7. 联系华为技术支持

当无法确定故障范围和类别，或者无法排除故障时，请联系华为技术支持。

5.2.3 常用故障维护功能

下面介绍常用的故障维护功能，帮助用户分析、处理故障，并了解该维护功能的具体操作方法或者参考信息，主要包括用户跟踪、接口跟踪、对比/互换、倒换/复位等。

1. 用户跟踪

用户跟踪基于用户号码，可以按照发生时序完整地跟踪用户的标准接口、内部接口消息，内部状态信息，并显示在屏幕上。用户跟踪的优点如下：

1）实时性强，可以即时看到跟踪结果。

2）内容丰富，可以跟踪所有标准接口。

3）大话务量情况下可以使用。

4）应用场景广泛，可用于分析呼叫流程、VIP 客户跟踪等。

用户跟踪定位手段经常用于定位能重现的呼叫类问题。

2. 接口跟踪

接口跟踪基于某个标准（或内部）接口，可以按照发生时序完整跟踪该接口上的所有消息，并显示在屏幕上。接口跟踪的优点如下：

1）实时性强。

2）接口消息完备：可以跟踪一定时间段内该接口上的所有消息。

3）能跟踪链路管理消息。

对于用户不确定类呼叫问题适合接口跟踪定位手段处理，例如：某站点 RRC 建立成功率低。

3. 对比/互换

对比/互换可以帮助用户判断故障的范围或位置。对比是指将故障的部件或现象与正常的部件或现象进行比较分析，查出不同点，找出问题的所在。互换是指将处于正常状态的部件与可能故障的部件对调，比较对调前后二者运行状况的变化，以此判断故障的范围或位置。对比一般适用于故障范围单一的场景，互换一般适用于故障范围复杂的场景。

4. 倒换/复位

倒换用于确定主用设备是否异常或者主备用关系是否协调；复位主要用于排除软件运行异常。倒换是指将处于主备用工作方式下的设备进行人工切换的操作，将业务从主用设备上全部转移到备用设备上，对比倒换后系统的运行状况，以确定主用设备是否异常或主备用关系是否协调。复位是指对设备的部分或全部进行手动重启的操作，主要用于排除软件运行异常。倒换/复位只能作为一种临时应急措施，请谨慎使用，原因如下：

1）相比其他方法而言，倒换/复位只能作为定位故障的一种辅助手段。

2）由于软件运行的随机性，倒换/复位后故障现象一般难以在短期内重现，从而容易掩盖故障的本质，给设备的安全、稳定运行带来隐患。

3）复位操作会中断系统业务，甚至可能由于操作不慎而导致系统瘫痪，给系统的日常运营带来严重的影响。

5.2.4　典型故障分析

1. 接入类故障

接入类故障是指各种原因引起的 RRC 建立失败或 E-RAB 建立失败，导致用户接入困难或者无法接入的故障。LTE 网络中，接入类故障涵盖 RRC 连接建立和 E-RAB 建立两个阶段。网络接入成功率是量化 LTE 网络终端客户感知的 KPI 之一，如果接入成功率过低，会导致用户主被叫困难，严重影响用户感受。

接入类故障的可能原因如表 5-9 所示。

表 5-9　接入类故障的可能原因

故障场景	故障现象	可能原因
RRC 连接建立失败	● 终端无法搜索小区 ● 鉴权加密失败 ● 空口接入类故障	● eRAN 侧（包括 UE）参数配置问题 ● 信道环境问题 ● 核心网侧配置问题 ● UE 异常
E-RAB 建立失败	● 资源类问题	● eRAN 侧（包括 UE）参数配置问题 ● 信道环境问题 ● 核心网侧配置问题 ● UE 异常

接入类故障处理流程如图 5-52 和图 5-53 所示。

接入类故障处理的一般步骤如下：

1）筛选 TOP 小区。

2）检查 eRAN 侧参数配置是否异常。

是：处理 eRAN 侧参数配置异常，转 3）。

否：转 4）。

3）检查故障是否恢复。

是：结束。

否：转 4）。

4）检查信道环境是否异常。

是：处理信道环境异常，转 5）。

否：转 6）。

5）检查故障是否恢复。

是：结束。

否：转 6）。

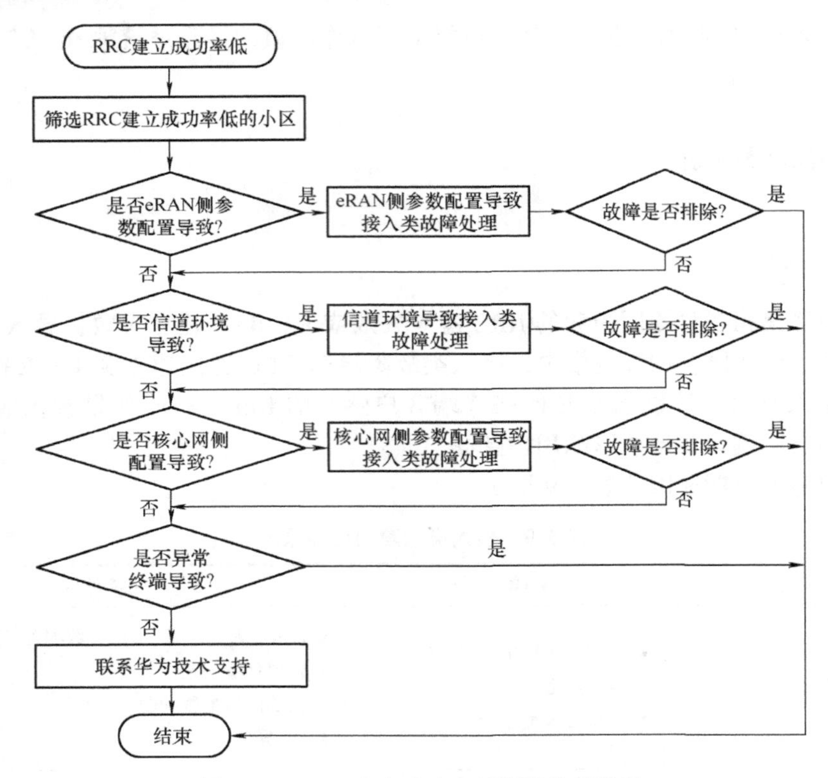

图 5-52 RRC 建立成功率低故障处理流程

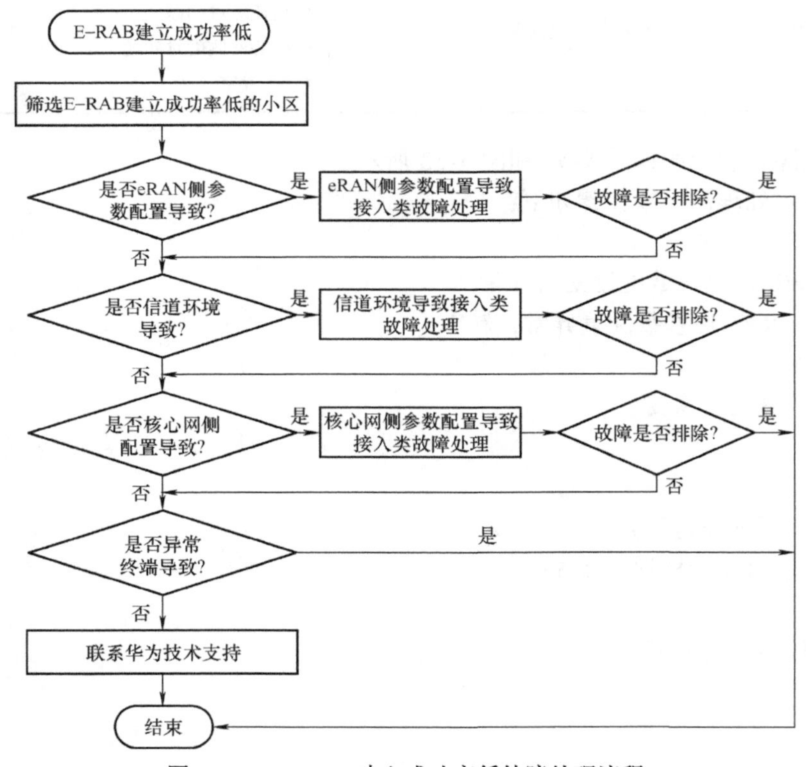

图 5-53 E-RAB 建立成功率低故障处理流程

6）检查核心网侧参数配置是否异常。

是：处理核心网侧参数配置异常，转7）。

否：转8）。

7）检查故障是否恢复。

是：结束。

否：转8）。

8）联系华为技术支持。

2. 系统内切换类故障

系统内切换类故障是指在LTE系统内发生切换时，由于系统原因引起的无法发起切换或者切换失败，导致用户切换困难或者无法切换的故障。

引起切换类故障的原因复杂，涉及数据配置、硬件、干扰、空口质量等因素，需要根据故障实际情况具体分析、排查，才能定位、解决此类故障。

切换类故障的可能原因如表5-10所示。

表5-10 切换类故障的可能原因

故障分类	故障现象	可能原因
整网故障	● 全网性能指标异常 ● 接收到相关的告警信息	● 网络参数配置错误 ● 信令交互流程错误
单点故障	● 小区性能指标异常 ● 接收到相关的告警信息 ● 很难向邻区发起切换 ● 频繁向邻区发起切换 ● UE无法收到网络下发的切换命令消息	● 硬件故障 ● 数据配置不当 ● 目标小区拥塞 ● 空口质量差

定位切换类故障的有效方法如下：

1）分析切换性能指标。

2）排查TOP小区问题。

3）核查设备、传输告警。

4）检查邻区规划。

5）排查参数配置。

6）排查干扰、覆盖问题。

处理切换类故障的基本原则：筛选切换故障的TOP小区，按照切换类故障处理流程处理，如图5-54所示。

系统内切换类故障处理的一般步骤如下：

1）检查是否存在硬件故障。若问题小区及其相邻小区的数据配置在近期没有修改，突然出现切换问题，则首先应考虑是否由硬件故障造成切换问题。

是：该类故障一般会伴随硬件告警，建议执行硬件故障导致切换异常处理，转2）。

否：转3）。

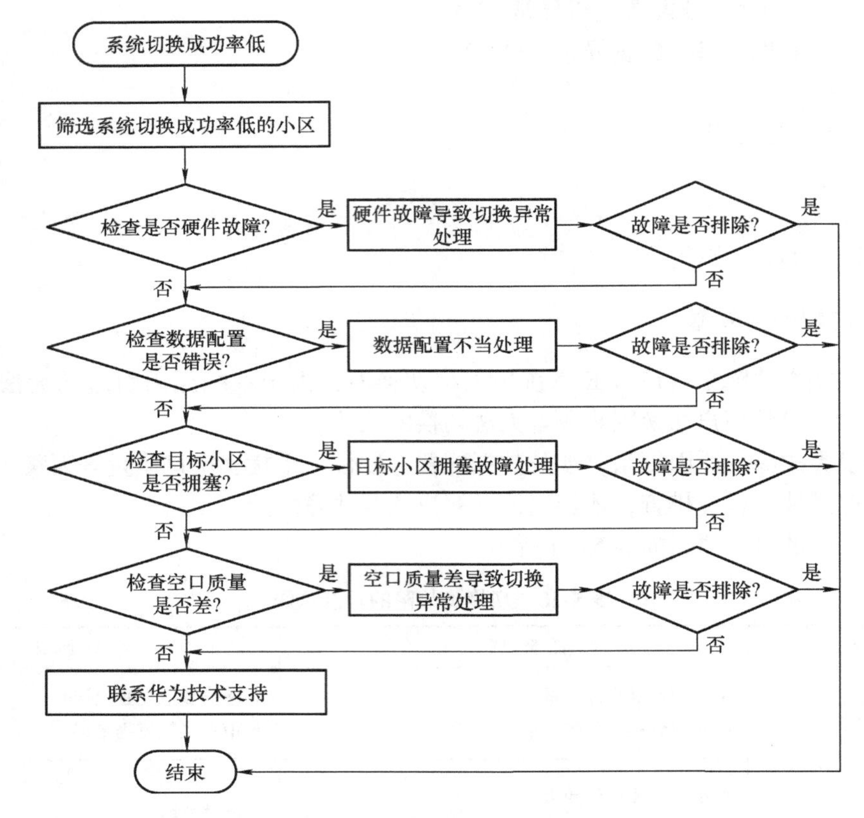

图 5-54　切换类故障处理流程

2）检查故障是否恢复。

是：结束。

否：转 3）。

3）检查切换门限、邻区配置等是否错误。

是：执行数据配置导致切换困难故障处理，转 4）。

否：转 5）。

4）检查故障是否恢复。

是：结束。

否：转 5）。

5）查看业务满意率，检查目标小区是否存在严重的业务信道拥塞。

是：执行目标小区拥塞故障处理，转 6）。

否：转 7）。

6）检查故障是否恢复。

是：结束。

否：转 7）。

7）检查空口质量是否差。空口质量会引起切换信令交互异常，导致切换失败。

是：执行空口质量差导致切换异常故障处理，转 8）。

否：转9)。

8) 检查故障是否恢复。

是：结束。

否：转9)。

9) 联系华为技术支持。

3. 小区类故障

小区不可用故障是在当基站检测到小区激活失败导致小区业务不可用时，产生此告警。

小区的正常运行所涉及的资源主要包括传输、硬件、配置、射频等相关要素，其中任何一项资源出现问题，都有可能导致小区不可用，排查小区不可用即是从小区运行所有的硬件或软件资源着手。

小区不可用故障的可能原因如下：

1) 配置数据错误导致小区不可用。

2) 传输资源故障导致小区不可用。

3) 射频相关资源导致小区不可用。

4) 规格类限制导致小区不可用。

5) 硬件故障导致小区不可用。

小区不可用类故障的定位信息一般使用告警提示、MML 提示以及调试日志等，从整个小区建立流程和所需资源中查看建立流程或者运行流程阻塞在什么地方。这里主要介绍在分析调试日志以前的排查思路，如图 5-55 所示。

小区不可用类故障处理的一般步骤如下：

1) 检查是否存在相关告警。

是：处理相关告警，转2)。

否：转3)。

2) 检查故障是否恢复。

是：结束。

否：转3)。

3) 查询小区故障信息，根据不同的场景查询小区故障信息。

开站、新建小区场景：执行 MML 命令“ACT CELL”。

其他场景：执行 MML 命令“DSP CELL”。

4) 根据小区故障信息处理相关故障。

传输资源异常：按传输资源故障处理。

射频相关异常：按射频资源故障处理。

规格类异常：按规格类故障处理。

其他：按配置类故障处理。

5) 检查故障是否恢复。

是：结束。

否：转6)。

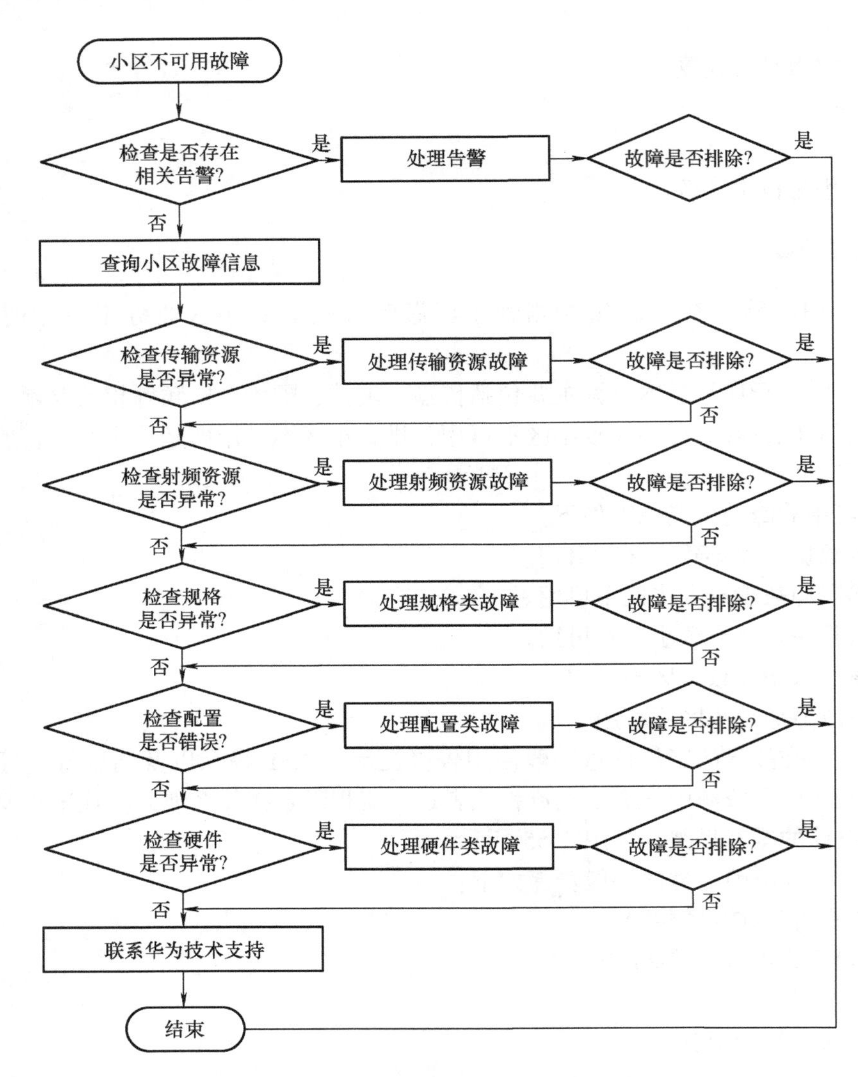

图 5-55　小区不可用故障处理流程图

6）检查硬件是否异常。

是：按硬件类故障处理，转 7）。

否：转 8）。

7）检查故障是否恢复。

是：结束。

否：转 8）。

8）请联系华为技术支持。

4. IP 类故障

IP 故障是指通信的设备之间无法正常交互报文，业务不通，并且无法 ping 通对端设备。IP 类故障处理流程如图 5-56 所示。

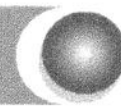

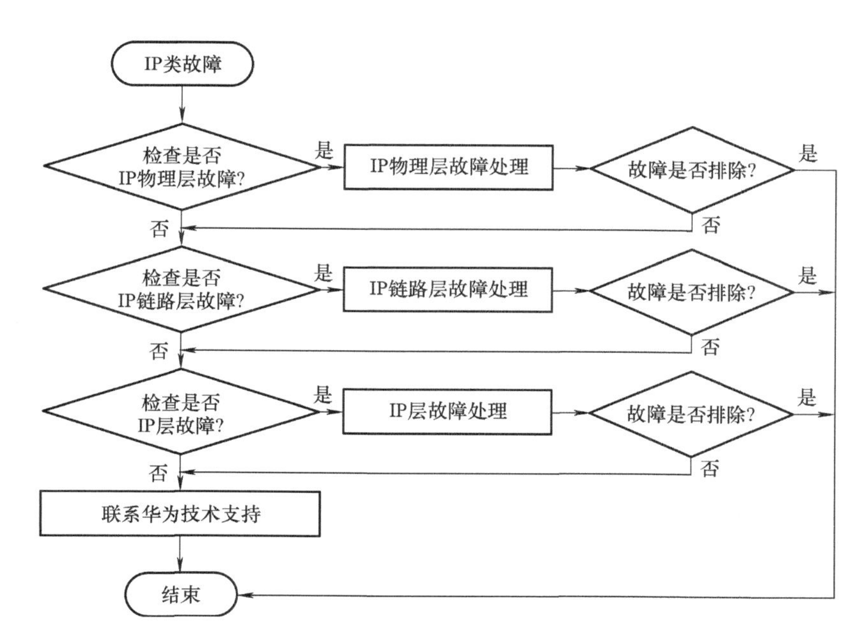

图 5-56 IP 类故障处理流程

IP 类故障处理步骤如下：

1）在 eNodeB 的活动告警中，观察是否有以太网链路故障等告警，若有进入 IP 物理层故障处理；若没有，执行 2）。

2）ping 离本端最近的 IP 地址或者同网段 IP 地址，如果 ping 不通，初步断定是 IP 链路层故障，进入 IP 链路层故障处理；若能 ping 通，执行 3）。

3）ping 同网段地址可以 ping 通但不能 ping 通目的地址，初步断定是 IP 层链路故障，进入 IP 层故障处理；若能 ping 通，执行 4）。

4）若问题仍不能解决，请联系华为技术支持。

5. 传输层类故障

传输层主要包括 SCTP 链路、IPPATH 链路和 OMCH 链路。传输层故障包括传输层链路的不通和闪断两种情况。

传输层故障处理流程如图 5-57 所示。

传输层故障处理步骤如下：

1）观察是否有 SCTP 链路故障等告警或者查询 SCTP 链路状态不正常。

是：处理 SCTP 链路故障。

否：转 2）。

2）观察是否有 IPPATH 链路故障等告警或者查询 IPPATH 链路状态不正常。

是：处理 IPPATH 链路故障。

否：转 3）。

3）观察是否有 OMCH 链路故障等告警或者查询 OMCH 链路状态不正常。

是：处理 OMCH 链路故障。

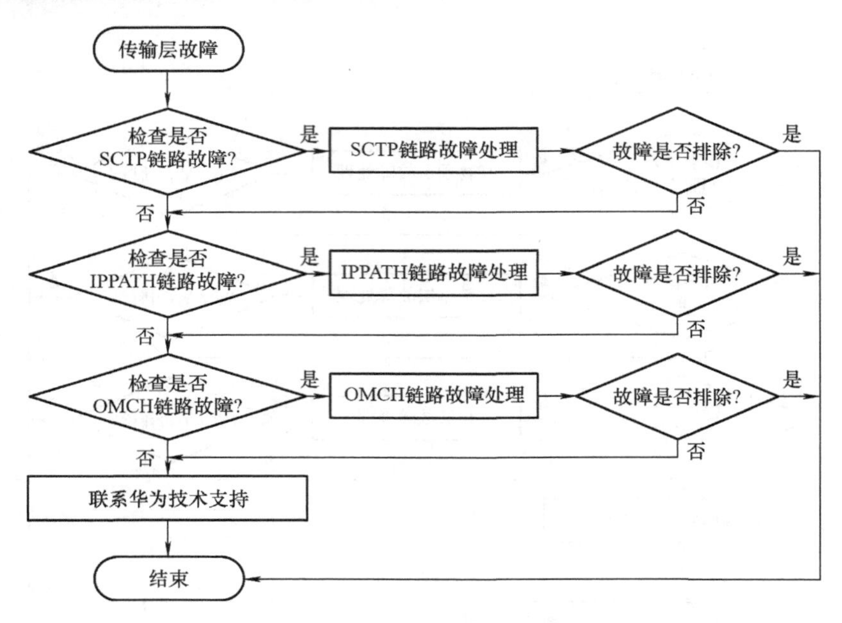

图 5-57　传输层故障处理流程

否：转 4）。

4）请联系华为技术支持。

6. 射频类故障

当射频单元出现故障时，射频单元的灵敏度下降，小区解调性能变差，上行覆盖变小，严重时将导致小区承载的业务中断。射频单元类故障，一般都只能通过告警形式呈现给客户。射频类故障处理流程如图 5-58 所示。

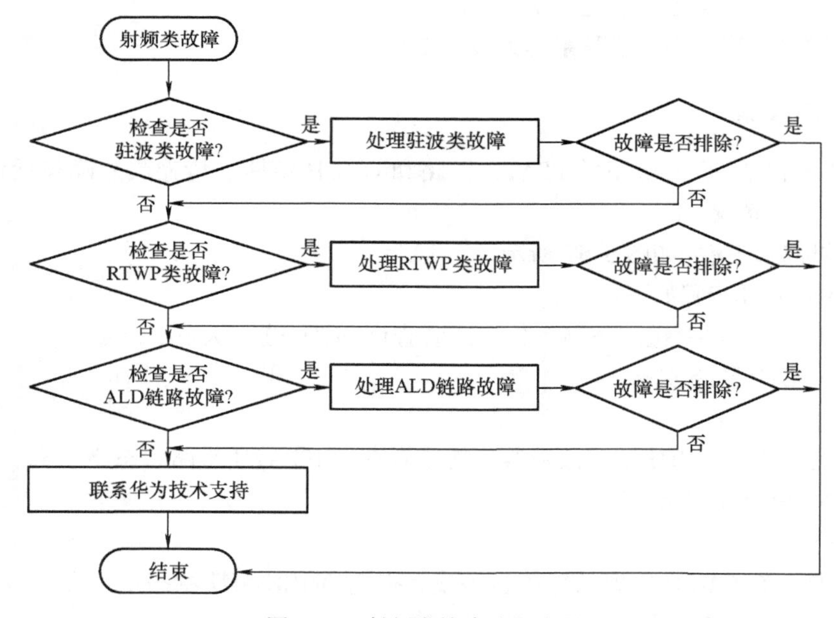

图 5-58　射频类故障处理流程

射频类故障处理步骤如下：

1）在 eNodeB 的活动告警中，观察是否有驻波类故障等告警或者驻波测试结果不正常。若有，进入驻波类故障处理；若没有，转 2）。

2）在 eNodeB 的活动告警中，观察是否有 RTWP 类故障等告警。若有，进入 RTWP 类故障处理；若没有，转 3）。

3）在 eNodeB 的活动告警中，观察是否有 ALD 链路故障等告警或者查询 ALD 链路状态不正常。若有，进入 ALD 链路故障处理；若没有，转 4）。

4）若问题仍不能解决，请联系华为技术支持。

5.2.5　故障处理表单范例

基于华为 LTEStar 模拟软件，对典型故障进行了模拟和分析，给出 10 个故障工程的故障处理表单，内容包括故障现象、故障定位以及故障处理过程三个部分组成，如表 5-11 ~ 表 5-20 所示。

表 5-11　故障工程 1

故障现象： 1. 射频单元工作模式与单板能力不匹配告警（柜号 =0，框号 =150，槽号 =0） 2. 单板类型和配置不匹配告警（柜号 =0，框号 =150，槽号 =0） 3. SCTP 链路故障告警（SCTP 链路号 =0） 4. 小区不可用告警（本地小区标识 =0、1、2） 5. UE 无法入网
故障定位： 1. 150 框 RRU 硬件类型选择错误 2. 0 号 SCTP 链路被闭塞 3. 7 槽主控板 FE/GE1 口至核心网的线缆连接错误 4. S1 链路被闭塞
故障处理过程： 1. 通过 LST RRU 命令，发现 150 框的 RRU 工作制式为“LTE_TDD”，而查看基站安装界面，发现 RRU 硬件类型为 FDD 制式，与配置数据不一致，将该 RRU 更换为 TDD 制式的 RRU 2. 通过 DSP SCTPLNK 命令，发现 0 号 SCTP 链路被闭塞，执行 MML 命令 UBL SCTPLNK，将该链路解闭塞，查看告警台，告警并未消除 3. 通过 LST DEVIP 命令，发现设备 IP 地址定义在 7 槽 LMPT 单板 FE/GE0 口，查看基站安装界面，发现线缆错误连接在 FE/GE1 口上，然后将该线缆更改至 FE/GE0 口 4. 查看告警台，告警消失，小区建立成功，但 UE 在各小区均无法入网 5. 通过 DSP S1INTERFACE 命令，发现 S1 链路被闭塞，执行 MML 命令 UBL S1INTERFACE，将此链路解闭塞 6. 经验证，UE 在各小区正常入网，故障排除 建议：在硬件安装时，应注意硬件设备的选型和线缆的正确连接，在传输层数据配置时，不要人为闭塞传输链路，避免再次发生同类故障

表 5-12　故障工程 2

故障现象： 1. 单板闭塞告警（柜号 =0，框号 =0，槽号 =3） 2. 小区不可用告警（本地小区标识 =0、1） 3. UE 无法入网
故障定位： 1. 3 槽 LBBP 单板被闭塞 2. 0 号 IPPATH 链路的对端 IP 地址配置错误 3. 未添加本地小区 1 为本地小区 0 的异频邻区 4. 本地小区 1 到本地小区 0 邻区切换被禁止
故障处理过程： 1. 通过 DSP BRD 命令，发现 3 槽 LBBP 单板被闭塞，执行 MML 命令 UBL BRD，将该单板解闭塞 2. 查看告警台，告警消失，但 UE 在所有小区内均无法入网 3. 通过 S1 口信令跟踪，查看“S1AP_INITIAL_CONTEXT_SETUP_FAIL”信令消息内容，得知失败原因为“transport：~-transport－resource－unavailable（0）”，即为传输资源不可用，初步定位为用户面故障 4. 通过 LST IPPATH 命令，发现 0 号 IPPATH 链路的对端 IP 地址为“11.64.15.2”，与核心网给定的协商数据不一致，执行 MML 命令 MOD IPPATH 命令，将对端 IP 地址改为“10.148.43.48” 5. UE 在所有小区入网成功，但在所有小区间切换失败 6. 通过 LST CELL 命令，发现本地小区 0 和本地小区 1 互为异频邻区 7. 通过 LST ENODEBALGOSWITCH 命令，发现基于基站异频切换算法开关已打开 8. 通过 LST EUTRANINTERFREQNCELL 命令，发现本地小区 1 到本地小区 0 的切换标识设为“禁止切换”，且未添加本地小区 1 为本地小区 0 的异频邻区 9. 执行 MML 命令 MOD EUTRANINTERFREQNCELL，将其切换标识改为“允许切换” 10. 执行 MML 命令 ADD EUTRANINTERFREQNCELL，添加本地小区 1 为本地小区 0 的异频邻区 11. 经验证，切换恢复正常，故障排除 建议：在设备数据配置时，不要人为闭塞单板。传输层数据配置时，应严格按照协商数据进行配置。在无线层数据配置时，注意邻区关系的正确添加，切记不要漏配邻区，避免再次发生同类故障

表 5-13　故障工程 3

故障现象： 1. RRU 组网断点告警（链环号 =2） 2. 小区闭塞告警（本地小区标识 =3） 3. 小区不可用告警（本地小区标识 =0、1） 4. UE 无法入网
故障定位： 1. 2 号 RRU 链存在断点 2. 本地小区 3 被闭塞 3. 3 槽 LBBP 单板上的本地小区 1 与本地小区 0 的上行循环前缀长度不一致 4. UE 的制式选择错误

（续）

故障处理过程： 1. 通过 LST RRUCHAIN 命令，发现 2 号 RRU 链断点位置 1 为 “0”，执行 MML 命令 MOD RRUCHAIN，将该断点位置 1 改为 “255”，即取消该断点 2. 通过 LST CELL 命令，发现本地小区 3 被闭塞，执行 MML 命令 UBL CELL，将本地小区 3 解闭塞 3. 通过 DSP CELL 命令，发现本地小区 0 与本地小区 1 均显示 “同一个基带板上的小区上下行循环前缀长度不一致” 4. 通过 LST CELL，发现本地小区 0 与本地小区 1 的上行循环长度不一致，执行 MML 命令 MOD CELL，将本地小区 1 的上行循环长度改为 “普通循环前缀”，使其与本地小区 0 的上行循环长度相同 5. 查看告警台，告警消失，但 UE 在所有小区均无法入网 6. 在 LTEstar 主界面，发现 UE 终端支持 FDD 制式，与当前网络制式 TDD 不一致，然后将 UE 制式改为 TDD 7. 经验证，UE 在所有小区均正常入网，且在所有小区间切换正常，故障排除 建议：在数据配置时，应与核心网给定的协商数据保持一致，不要人为设定断点，正确选择测试终端 UE 的类型，在无线层数据配置时，不要人为闭塞小区，同一个基带板上的小区上下行循环前缀长度配置要一致，避免再次发生同类故障

表 5-14　故障工程 4

故障现象： 1. 基站 0：射频单元维护链路异常告警（柜号 =0，框号 =90，槽号 =0） 2. 基站 0：SCTP 链路故障告警（SCTP 链路号 =0） 3. 基站 0：小区不可用告警（本地小区标识 =0） 4. 基站 0：X2 接口故障告警（X2 接口标识 =16） 5. 基站 1：单板类型和配置不匹配告警（柜号 =0，框号 =90，槽号 =0） 6. 基站 1：SCTP 链路故障告警（SCTP 链路号 =0） 7. 基站 1：X2 接口故障告警（X2 接口标识 =16） 8. UE 无法入网
故障定位： 1. 基站 0：基站协议类型选择错误 2. 基站 0：0 号 SCTP 链路对端 IP 地址配置错误 3. 基站 0：0 号 SCTP 链路对端端口号配置错误 4. 基站 0：本地小区 0 被禁止接入 5. 基站 1：3 槽 LBBP 单板的工作模式选择错误 6. 基站 1：7 槽主控板 FE/GE0 口到核心网的线缆未连接 7. 基站 1：本地小区 0 被去激活 8. 基站 0 和基站 1 的小区覆盖不连续
故障处理过程： 1. 在基站 0 中，通过 DSP RRU 命令，发现 90 框 RRU 接入方向显示 “断链”，通过 LST RRU 命令，发现配置数据正确，通过 LST RRUCHAIN 命令，发现数据配置与基站安装界面一致

（续）

2. 在基站0中，通过LST ENODEB命令，发现基站的协议类型“TDL_IR”与协商数据不一致，执行MML命令MOD ENODEB，将基站的协议类型改为“CPRI”，执行MML命令RST ENODEB，复位基站，使其生效 3. 在基站0中，通过DSP SCTPLNK命令，发现0号SCTP链路状态为“断开” 4. 通过LST SCTPLNK命令，发现0号SCTP链路对端IP地址和对端端口号均与核心网给定的协商数据不一致，执行MML命令MOD SCTPLNK，将对端IP地址改为“11.64.15.2”，对端端口号改为“16448”。 5. 在基站0中，通过DSP CELL命令，发现本地小区0的小区实例状态为“禁止接入”，执行MML命令MOD CELL，将该小区接入状态改为“不禁止” 6. 在基站1中，通过LST RRU命令，发现90框RRU连接在0号RRU链上，通过LST RRUCHAIN命令，发现0号链配置在3槽LBBP单板CPRI1口 7. 在基站1中，通过LST BBP命令，发现3槽LBBP单板工作模式为“频分双工”，与协商数据不一致，执行MML命令MOD BBP，将该单板工作模式改为“时分双工” 8. 在基站1中，通过DSP SCTPLNK命令，发现0号SCTP链路状态为“断开” 9. 在基站1中，通过LST DEVIP命令，发现设备IP定义在7槽LMPT单板的FE/GE0口 10. 在基站1中，查看基站安装界面，发现7槽LMPT单板FE/GE0口到核心网的线缆未连接，然后连接该线缆 11. 在基站1中，通过DSP CELL命令，发现本地小区0未建立，执行LST CELL命令，发现本地小区0状态为“去激活” 12. 在基站1中，执行MML命令ACT CELL，激活本地小区0 13. 小区正常建立，UE在所有小区内正常入网，但UE在两基站间切换失败 14. 查看LTEstar主界面，发现基站0和基站1的覆盖不连续，在基站0中，执行MML命令MOD CELL，将该小区的半径增至3000m，使其覆盖连续 15. 经验证，站间切换恢复正常 建议：在硬件安装时，应保证线缆的正确连接。在全局设备数据配置时，应保证数据配置与规划协商数据一致，在传输层数据配置时，应注意SCTP链路中IP地址和端口号的正确配置。在无线层数据配置时，不要人为将小区禁止接入和去激活，保证基站覆盖范围的连续性，避免再次发生同类故障

表5-15　故障工程5

故障现象： 1. 基站0：射频单元维护链路异常告警（柜号=0，框号=91，槽号=0） 2. 基站0：小区不可用告警（本地小区标识=1） 3. 基站1：SCTP链路故障告警（SCTP链路号=1） 4. 基站0：UE在本地小区1中无法入网 5. 基站1：UE在本地小区0中无法入网
故障定位： 1. 基站0：91框RRU至0槽LBBP单板CPRI0口线缆连接错误 2. 基站0：本地小区1的BF算法开关被打开 3. 基站0：未创建X2接口 4. 基站1：本地小区0被运营商保留使用 5. 基站1：1号IPPATH链路未添加

（续）

故障处理过程：
1. 在基站0中，通过DSP RRU命令，发现框号91的RRU接入方向显示“断链”
2. 在基站0中，通过LST RRU命令，发现框号91的RRU配置在1号RRU链上，通过LST RRUCHAIN命令，发现1号RRU链配置在3槽LBBP单板CPRI 1口
3. 在基站0中，查看基站安装界面，发现1号RRU链错误连接在0槽LBBP单板上，然后删去该线缆和0槽LBBP单板，添加3槽LBBP单板CPRI 1口的光模块，再将该光口连接至91框RRU
4. 在基站0中，通过DSP CELL命令，发现本地小区1最近一次小区状态变化的原因为“承载该小区的基带版本不支持BF算法”
5. 在基站0中，通过LST CELLALGOSWITCH命令，发现本地小区1的BF算法开关被打开，执行MML命令MOD CELLALGOSWITCH，将该小区的BF算法开关关闭
6. 在基站0中，查看告警台，告警消失，UE在所有小区正常入网，且在站内切换正常
7. 在基站1中，通过DSP SCTPLNK命令，发现1号SCTP链路状态为“断开”
8. 在基站1中，通过LST SCTPLNK命令，查询到数据配置正确，初步判断“SCTP链路故障告警”现象可能由基站0的X2口配置错误导致
9. 在基站0中，通过DSP X2INTERFACE命令，发现X2链路未配置，执行MML命令ADD X2INTERFACE，创建该X2接口
10. 在基站1中，通过LST CELLOP命令，发现本地小区0被运营商保留使用，执行MML命令MOD CELLOP，将“小区为运营商保留”参数改为“不保留”
11. 在基站1中，通过LST IPPATH命令，发现1号IPPATH链路未添加，执行MML命令ADD IPPATH，将该链路添加
12. 在基站1中，查看告警台，告警消失，UE在所有小区中均正常入网，站内各小区间切换正常
13. 经验证，站间切换恢复正常，故障排除
建议：在硬件安装时，应注意线缆的正确连接。在传输层数据配置时，不要漏配数据，避免再次发生同类故障

表5-16　故障工程6

故障现象： 1. 主控板插错槽位告警（柜号=0，框号=0，槽号=7） 2. 单板闭塞告警（柜号=0，框号=150，槽号=0） 3. 射频单元工作模式与单板能力不匹配告警（柜号=0，框号=91，槽号=0） 4. 小区不可用告警（本地小区标识=0、1、2） 5. UE无法入网。
故障定位： 1. 7槽LMPT单板未配置 2. 150框RRU被闭塞 3. 91框RRU的工作制式选择错误 4. 未创建S1接口

（续）

故障处理过程： 1. 通过 DSP BRD 命令，发现 7 槽 LMPT 单板未配置，执行 MML 命令 ADD BRD，添加 7 槽 LMPT 的配置信息 2. 通过 DSP BRD 命令，发现 150 框 RRU 被闭塞，执行 MML 命令 UBL BRD，将该 RRU 解闭塞 3. 通过 LST RRU 命令，发现 91 框 RRU 的工作制式为“LTE_FDD”，执行 MML 命令 MOD RRU，将该 RRU 制式改为“LTE_TDD” 4. 通过 DSP CELL 命令，发现小区实例状态为“未建立”，原因为“小区使用的 S1 链路异常”，通过 DSP S1INTERFACE 命令，发现 S1 接口未创建。执行 MML 命令 ADD S1INTERFACE 命令，创建该 S1 接口 5. 查看告警台，告警消失，UE 在所有小区中正常入网，且在各小区间切换正常 建议：在数据配置时，应严格按照协商数据进行配置，不要漏配数据，不要人为闭塞单板，避免再次发生同类故障

表 5-17　故障工程 7

故障现象： 1. 主控板插错槽位告警（柜号 =0，框号 =0，槽号 =7） 2. SCTP 链路故障告警（SCTP 链路号 =0） 3. 小区不可用告警（本地小区标识 =0、1） 4. UE 无法入网
故障定位： 1. 7 槽 LMPT 单板未配置 2. 0 号 SCTP 链路的本端端口号和对端端口号配置错误 3. S1 链路运营商索引值选择错误 4. 0 号 RRU 链错误连接在 90 框 RRU 的级联口 5. 0 槽 LBBP 单板基带资源不足 6. 2 号扇区未配置 7. 本地小区 2 被去激活
故障处理过程： 1. 通过 DSP BRD 命令，发现 7 槽 LMPT 单板未配置，执行 MML 命令 ADD BRD，添加 7 槽 LMPT 单板配置信息 2. 通过 DSP SCTPLNK 命令，发现 0 号 SCTP 链路状态为“断开” 3. 通过 LST SCTPLNK 命令，发现 0 号 SCTP 链路的本端端口号和对端端口号均与核心网给定的协商数据不一致，执行 MML 命令 MOD SCTPLNK，将本端端口号“4321”改为“1234”，对端端口号“1234”改为“4321” 4. 通过 DSP CELL 命令，发现本地小区 0 和 1 的实例状态为“未创建”，原因为“小区使用的 S1 链路异常” 5. 通过 DSP S1INTERFACE 命令，发现 S1 接口状态为“异常”，运营商索引为 1，PLMN 为 NULL，原因为“S1 接口所属的运营商 TAC 未配置” 6. 通过 LST CNOPERATOR 命令，发现小区运营商索引值有 0 和 1，索引值为 1 的运营商移动网络码为 01，与当前网络要求不符，判定为 S1 接口所使用的运营商索引错误，执行 MML 命令 MOD S1INTERFACE，将运营商索引值改为 0 7. 通过 DSP CELL 命令，发现本地小区 2 未建立，查看基站安装主界面，发现 3 个 RRU 均连接在 0 槽 LBBP 单板上，且 0 号 RRU 链连接在 90 框 RRU 的级联口上 8. 在基站安装界面中，将 0 号 RRU 链更改至 90 框 RRU 的 CPRI 0 口上

（续）

9. 在 LTEStar 中，每块 LBBP 单板仅支持 2 个 RRU，每个 RRU 仅支持 1 个小区，0 槽 LBBP 单板连接 3 个 RRU，导致基带资源不足，然后在 3 槽安装 1 块 LBBP 单板，再添加该单板 CPRI 0 口上的光模块，将 0 槽 LBBP 单板 CPRI 2 口上的 RRU 重新连接到 3 槽 LBBP 单板 CPRI 0 上

10. 通过 DSP BRD 命令，发现在数据配置中仅存在 0 槽 LBBP 单板，执行 MML 命令 ADD BRD，添加 3 槽 LBBP 单板配置信息

11. 通过 LST RRUCHAIN 命令，发现 2 号 RRU 链配置在 0 槽 LBBP 单板 CPRI 3 口，通过 LST SECTOR，发现 2 号扇区配置信息未添加

12. 执行 MML 命令 RMV RRU，删除 150 框 RRU 配置信息，执行 MML 命令 RMV RRUCHAIN，删除 2 号 RRU 链配置信息

13. 执行 MML 命令 ADD RRUCHAIN，在 3 槽 LBBP 单板 CPRI 0 口上添加 2 号 RRU 链，执行 MML 命令 ADD RRU，添加 150 框 RRU 配置信息，执行 MML 命令 ADD SECTOR，添加 2 号扇区，执行 MML 命令 ACT CELL，激活本地小区 2

14. 经验证，UE 在所有小区正常入网，且各小区间切换均正常

建议：在硬件安装时，应正确连接各线缆，不要使用 RRU 的级联口。在传输层数据配置时，应保证配置数据与核心网给定的协商数据保持一致，在无线层数据配置时，不要漏配数据，不要人为去激活小区，避免再次发生同类故障

表 5-18 故障工程 8

故障现象：

1. 主控板插错槽位告警（柜号 =0，框号 =0，槽号 =7）
2. SCTP 链路故障告警（SCTP 链路号 =0）
3. 小区不可用告警（本地小区标识 =0、1、2、3）
4. UE 无法入网

故障定位：

1. 7 槽 LMPT 单板未配置
2. 7 槽 LMPT 单板 FE/GE 0 口到核心网的线缆未连接
3. 0 号 IPPATH 中的对端 IP 地址配置错误
4. 基于覆盖的同频切换算法开关未打开
5. 未创建本地小区 3 为本地小区 2 的同频邻区

故障处理过程：

1. 通过 DSP BRD 命令，发现 7 槽 LMPT 单板未配置，执行 MML 命令 ADD BRD，添加该单板配置信息
2. 通过 DSP SCTPLNK 命令，发现 0 号 SCTP 链路状态为“断开”
3. 通过 LST SCTPLNK 命令，发现 0 号 SCTP 链路配置正确
4. 通过 LST DEVIP 命令，发现 0 号 SCTP 链路的设备 IP 地址定义在 7 槽 LMPT 单板 FE/GE0 口上，查看基站安装界面，发现 7 槽 LMPT 单板 FE/GE0 口到核心网的线缆未连接，然后连接该线缆
5. 查看告警台，告警消失，小区建立成功，但 UE 在所有小区中无法入网
6. 通过 S1 口信令跟踪，查看信令消息“S1AP_INITIAL_CONTEXT_SETUP_FAIL”，得知失败原因为“transport: ~-transport-resource-unavailable(0)”，即为传输资源不可用，初步定位为用户面故障

（续）

7. 通过 LST IPPATH 命令，发现 0 号 IPPATH 链路的对端 IP 地址“11.121.16.2”与核心网给定的协商数据不一致，执行 MML 命令 MOD IPPATH，将对端 IP 地址改为“11.112.61.2” 8. UE 在所有小区内正常入网，但在各小区间切换均失败 9. 通过 LST CELL 命令，发现各小区为同频邻区关系 10. 通过 LST ENODEBALGOSWITCH 命令，发现基于覆盖的同频切换算法开关未打开，执行 MML 命令 MOD ENODEBALGOSWITCH，将该算法开关打开 11. 通过 LST EUTRANINTRAFREQNCELL 命令，发现未创建本地小区 3 为本地小区 2 的同频邻区，执行 MML 命令 ADD EUTRANINTRAFREQNCELL，创建该邻区关系 12. 经验证，站内切换恢复正常，故障排除 建议：在硬件安装时，应注意线缆的正确连接。在传输层数据配置时，应与核心网给定的协商数据保持一致。在无线层数据配置时，不要漏配邻区，避免再次发生同类故障

表 5-19　故障工程 9

故障现象： 1. 主控板插错槽位告警（柜号 =0，框号 =0，槽号 =7） 2. 射频单元工作模式与单板能力不匹配告警（柜号 =0，框号 =150，槽号 =0） 3. 单板类型和配置不匹配告警（柜号 =0，框号 =151，槽号 =0） 4. 小区不可用告警（本地小区标识 =0、1、2、3） 5. UE 无法入网
故障定位： 1. 7 槽 LMPT 单板未配置 2. 0 槽 LBBP 单板工作模式选择错误 3. 150 框 RRU 硬件类型选择错误 4. 0 号 SCTP 链路被闭塞 5. 本地小区 1 到本地小区 0 的邻区切换被禁止
故障处理过程： 1. 通过 DSP BRD 命令，发现 7 槽 LMPT 单板未配置，执行 MML 命令 ADD BRD，添加该单板配置信息 2. 通过 LST RRU 命令，发现 150 框 RRU 配置在 2 号 RRU 链上，通过 LST RRUCHAIN 命令，发现 2 号 RRU 链配置在 0 槽 CPRI 0 口 3. 通过 LST BBP 命令，发现 0 槽 LBBP 单板的工作模式“频分双工”与协商数据不一致，执行 MML 命令 MOD BBP，将该单板工作模式改为“时分双工” 4. 通过 LST RRU 命令，发现 150 框 RRU 工作制式为“LTE_TDD”，查看基站安装界面，发现 150 框 RRU 硬件类型为“FDD”，硬件类型选择错误，将该 RRU 硬件类型更换为“TDD” 5. 通过 DSP CELL 命令，发现所有小区均未建立，且最近一次小区状态变化的原因为“小区使用的 S1 链路异常” 6. 通过 DSP S1INTERFACE 命令，发现 S1 接口状态异常，S1 接口 SCTP 链路状态异常，S1 链路故障原因为“底层链路故障” 7. 通过 LST SCTPLNK 命令，发现 0 号 SCTP 链路被闭塞，执行 MML 命令 UBL SCTPLNK，将该链路解闭塞 8. 查看告警台，告警消失，所有小区建立成功，UE 在各小区中均正常入网

（续）

9. 在基站切换测试过程中，发现本地小区1到本地小区0的切换失败，其他小区间切换均正常 10. 通过LST CELL命令，发现所有小区互为同频邻区 11. 通过LST EUTRANINTRAFREQNCELL命令，发现本地小区1到本地小区0的禁止切换标识为“禁止切换”，执行MML命令MOD EUTRANINTRAFREQNCELL，将该参数改为“允许切换” 12. 经验证，本地小区1到本地小区0切换恢复正常，故障排除 建议：在设备数据配置时，应保证与协商数据的一致性，在传输层数据配置时，不要人为闭塞链路，在邻区添加时，应注意参数的正确配置，避免再次发生同类故障

表5-20　故障工程10

故障现象： 1. 主控板插错槽位告警（柜号=0，框号=0，槽号=7） 2. SCTP链路故障告警（SCTP链路号=0） 3. 小区不可用告警（本地小区标识=0、1） 4. UE无法入网
故障定位： 1. 7槽LMPT单板未配置 2. 7槽LMPT单板FE/GE0口至核心网线缆连接错误 3. 0号IPPATH链路的对端IP地址配置错误 4. 0号IPPATH链路的PATH类型选择错误 5. 本地小区1被运营商保留使用 6. 本地小区0和本地小区1的PCI配置相同
故障处理过程： 1. 通过DSP BRD命令，发现7槽LMPT单板未配置，执行MML命令ADD BRD，添加该单板配置信息 2. 通过DSP SCTPLNK命令，发现0号SCTP链路状态“断开” 3. 通过LST SCTPLNK命令，发现SCTP链路的数据配置正确 4. 通过LST DEVIP命令，发现SCTP链路的本端端口定义在7槽LMPT单板FE/GE0口，查看基站安装界面，发现线缆错误连接在7槽LMPT单板FE/GE1口上，然后将该链线缆更改至FE/GE0口上 5. 查看告警台，告警消失，所有小区建立成功，但UE在各小区中均无法入网 6. 通过S1口信令跟踪，查看信令消息“S1AP_INITIAL_CONTEXT_SETUP_FAIL”，得知失败原因为“transport: ~-transport-resource-unavailable（0）”，即为传输资源不可用，初步定位为用户面故障 7. 通过LST IPPATH命令，发现对端IP地址“101.148.43.48”与核心网给定的数据配置不一致，且PATH类型“固定Qos”与协商数据要求不一致 8. 执行MML命令MOD IPPATH，将该链路的对端IP地址改为“10.148.43.48”，并将PATH类型改为“任意Qos” 9. 通过LST CELLOP命令，发现本地小区0被运营商保留使用，执行MML命令MOD CELLOP，将“小区为运营商保留”参数改为“不保留” 10. 通过LST CELL命令，发现本地小区0和本地小区1的PCI配置相同，不符合PCI规划配置要求，执行MML命令MOD CELL，将本地小区1的PCI值10改为11 11. 经验证，UE在所有小区均正常入网，且各小区间切换正常 建议：在硬件安装时，应保证线缆的正确连接。在全局数据配置时，不要漏配单板，在传输层数据配置时，应严格按照核心网给定的协商数据进行配置。在无线层数据配置时，应合理规划配置相邻小区的PCI，避免再次发生同类故障

课后习题：

1. 按照维护周期，例行维护项目主要划分哪几种？
2. 例行维护表单有哪些？
3. 写出配置数据文件查询、备份、上传、下载、激活的命令分别是什么。
4. 画出故障处理的总体流程。
5. 常用故障维护功能有哪些？
6. 小区不可用故障的可能原因有哪些？

附　　录

附录 A　模拟试题

一、判断题

1. X2 接口是 E－NodeB 之间的接口。（　　）
2. 一个时隙中，频域上连续的、宽度为 150kHz 的物理资源称为一个资源块。（　　）
3. 对于每一个天线端口，一个 OFDM 或者 SC－FDMA 符号上的一个子载波对应的一个单元称为资源单元。（　　）
4. LTE 的天线端口与实际的物理天线端口一一对应。（　　）
5. LTE 系统中在 4 天线端口发送情况下的传输分集技术采用 SFBC 与 FSTD 结合的方式。（　　）
6. 小区之间可以在 S1 接口上交换过载指示信息（Overload Indicator，OI），用来进行小区间的上行功率控制。（　　）
7. LTE 小区搜索基于主同步信号和辅同步信号。（　　）
8. LTE 特性和算法对链路预算有重要的影响，因此在链路预算过程中需要体现此影响。（　　）
9. 如果采用 TD－LTE 系统组网，必须采用 8 天线规模建网，2 天线不能独立建网。（　　）
10. 采用空分复用可以提高用户的峰值速率。（　　）
11. 从 3G 系统看，一般城市密集区，比如 CBD 区域，对室内业务要求较高。（　　）
12. 室分系统建设中应尽量避免室内用户切换到室外。（　　）
13. 缩小宏站的覆盖距离，不一定能提升覆盖性能。（　　）
14. 链路预算的覆盖半径是由中心用户速率要求确定的。（　　）
15. 之所以进行容量估算，是为了保证业务的 QoS 要求。（　　）

二、选择题

1. 关于 LTE 需求下列说法中正确的是（　　）。

A. 下行峰值数据速率 100Mbit/s（20MHz，2 天线接收）

B. U－plane 时延为 5ms

C. 不支持离散的频谱分配

D. 支持不同大小的频段分配

2. 关于 LTE 网络整体结构，哪些说法是正确的？（　　）

A. E－UTRAN 用 E－NodeB 替代原有的 RNC－NodeB 结构
B. 各网络节点之间的接口使用 IP 传输
C. 通过 IMS 承载综合业务
D. E－NodeB 间的接口为 S1 接口
3. 关于 LTE TDD 帧结构，哪些说法是正确的？（　　）
A. 一个长度为 10ms 的无线帧由 2 个长度为 5ms 的半帧构成
B. 常规子帧由两个长度为 0.5ms 的时隙构成，长度为 1ms
C. 支持 5ms 和 10ms DL/UL 切换点周期
D. UpPTS 以及 UpPTS 之后的第一个子帧永远为上行
E. 子帧 0、子帧 5 以及 DwPTS 永远是下行
4. 与 CDMA 相比，OFDM 有哪些优势？（　　）
A. 频谱效率高
B. 带宽扩展性强
C. 抗多径衰落
D. 抗多普勒频移
E. 实现 MIMO 技术较简单
5. 下列哪个网元属于 E－UTRAN？（　　）
A. S－GW
B. E－NodeB
C. MME
D. EPC
6. SC－FDMA 与 OFDM 相比，下面哪种说法是正确的？（　　）
A. 能够提高频谱效率
B. 能够简化系统实现
C. 没区别
D. 能够降低峰均比
7. LTE 下行没有采用哪项多天线技术？（　　）
A. SFBC
B. FSTD
C. 波束赋形
D. TSTD
8. 下列选项中哪个不属于网络规划？（　　）
A. 链路预算
B. PCI 规划
C. 容量估算
D. 选址
9. 容量估算与（　　）互相影响。
A. 链路预算

B. PCI 规划
C. 建网成本
D. 网络优化
10. LTE 支持灵活的系统带宽配置，以下哪种带宽是 LTE 协议不支持的？（ ）
A. 5MHz
B. 10MHz
C. 20MHz
D. 40MHz
11. LTE 为了解决深度覆盖的问题，以下哪些措施是不可取的？（ ）
A. 增加 LTE 系统带宽
B. 降低 LTE 工作频点，采用低频段组网
C. 采用分层组网
D. 采用家庭基站等新型设备
12. 以下说法哪个是正确的？（ ）
A. LTE 支持多种时隙配置，但目前只能采用 2 : 2 和 3 : 1
B. LTE 适合高速数据业务，不能支持 VOIP 业务
C. LTE 在 2.6GHz 的路损与 TD－SCDMA 2GHz 的路损相比要低，因此 LTE 更适合高频段组网
D. TD－LTE 和 TD－SCDMA 共存不一定是共站址
13. 空分复用的优点是（ ）。
A. 不改变现有的分布式天线结构，仅在信号源接入方式发生变化
B. 施工方便
C. 系统容量可以提升
D. 用户峰值速率可以得到提升
14. TD－LTE 室内覆盖面临的挑战包括（ ）。
A. 覆盖场景复杂多样
B. 信号频段较高，覆盖能力差
C. 双流模式对室分系统工程改造要求较高
D. 与 WLAN 系统存在复杂的互干扰问题
15. LTE 组网，可以采用同频也可以采用异频，以下哪项说法是错误的？（ ）
A. 10MHz 同频组网相对于 3 * 10MHz 异频组网可以更有效地利用资源，提升频谱效率
B. 10MHz 同频组网相对于 3 * 10MHz 异频组网可以提升边缘用户速率
C. 10MHz 同频组网相对于 3 * 10MHz 异频组网，小区间干扰更明显
D. 10MHz 同频组网相对于 3 * 10MHz 异频组网，算法复杂度要高

三、简答题

1. LTE 有哪些关键技术？请列举简要说明。
2. 简述 EPC 核心网的主要网元和功能。
3. 画出 eNodeB 单板分布图。

附录B　实 训 项 目

实验一　eNodeB 全局设备数据配置

一、实验目的

1. 熟悉 LTE 网络体系架构及接口；
2. 掌握 DBS3900 单站数据配置整体流程；
3. 掌握 DBS3900 单站全局设备数据配置步骤；
4. 掌握 DBS3900 单站全局设备数据配置命令及参数含义；
5. 能根据协商数据表完成 S111 站型全局设备数据配置 MML 脚本的制作。

二、实验条件

LTEStar 仿真软件、加密狗、计算机。

三、基本原理

1. 单站数据配置流程

DBS3900 单站数据配置整体流程如图 B-1 所示。

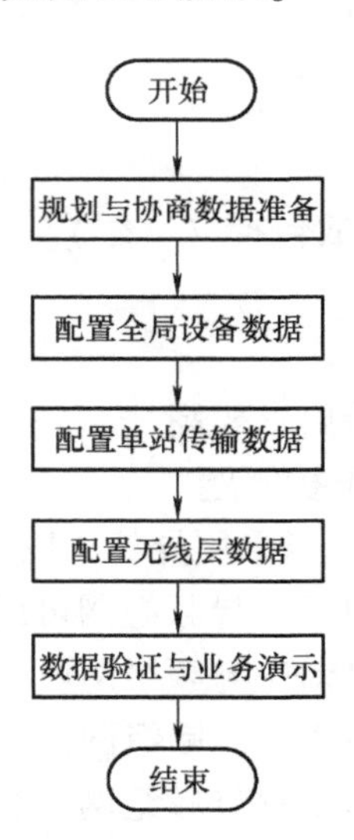

图 B-1　DBS3900 单站数据配置整体流程

2. 单站全局设备数据配置流程及命令

DBS3900 单站全局设备数据配置流程及命令如图 B-2 所示。

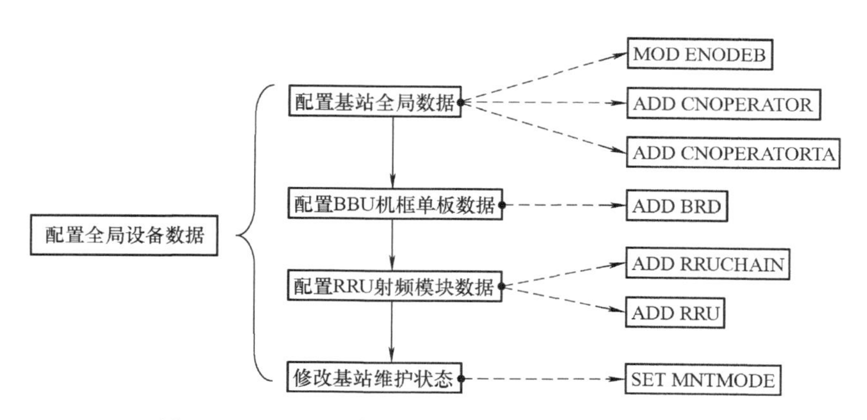

图 B-2　DBS3900 单站全局设备数据配置流程及命令

四、实验内容

根据给定协商数据，完成 S111 单站全局设备数据配置。S111 单站协商数据如表 B-1 所示。

表 B-1　S111 单站协商数据

	站点基本信息				无线网络基本信息						
参数名称	基站标识	基站名称	基站类型	协议类型	移动国家码	移动网络码	运营商信息			跟踪区码标识	跟踪区码
ENB_0	0	信息学院	DBS3900_LTE	CPRI	460	00	0	CMCC	主运营商	0	1

提交成果：

① LTEStar eNodeB 界面（基站安装界面）截图。

② MML 脚本。

五、实验操作步骤

1）双击桌面 LTEStar 模拟器图标，进入基站工程界面，基站加电，读 LMPT 板 ETH 端口的 IP 地址，并记录 IP 地址：192. 168. 0. 200（可能会被修改，可以通过目录 set localip 命令修改），子网掩码：255. 255. 255. 0；

2）打开 IE 浏览器，输入 192. 168. 0. 200，登录 LTEStar 后台 WEB LMT 软件进行数据配置，账号：admin，密码：hwbs@ com，输入验证码（见页面提示），单击登录；

3）登录成功后，可见“MML”图标，双击进入 MML 命令行配置页面；

4）按照全局设备数据配置流程和核心网给定的协商数据逐步输入相关命令和参数；

5）将每一步输入生成的 MML 命令复制到 WORD 中，即可制作成数据配置脚本。

六、实验小结

实验二　eNodeB 传输数据配置

一、实验目的

1. 熟悉 LTE 网络体系架构及接口；
2. 掌握 DBS3900 单站传输层数据配置步骤；
3. 掌握 DBS3900 单站传输层数据配置命令及参数含义；
4. 能根据协商数据表完成 S111 站型传输层数据配置 MML 脚本的制作。

二、实验条件

LTEStar 仿真软件、加密狗、计算机。

三、基本原理

DBS3900 单站传输数据配置流程及命令如图 B-3 所示。

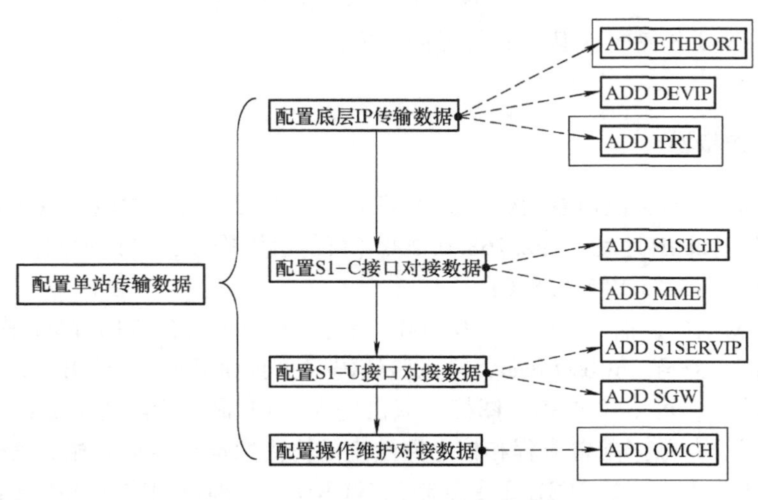

图 B-3　DBS3900 单站传输数据配置流程及命令

要注意的是：运用 LTEStar 仿真软件时，不需要添加 IP 路由，只要两端 IP 地址确定后，路由自动建立。

ADD ETHPORT. ADD OMCH 可以不添加，不影响执行结果，为选配命令。

四、实验内容

根据给定协商数据，完成 S111 单站传输层数据配置。S111 单站协商数据如表 B-2 所示。

表 B-2　S111 单站协商数据

	控制面信息				
参数名称	eNodeB S1 控制面 IP	eNodeB S1 控制面端口	MME S1 控制面 IP	MME S1 控制面端口	S1 控制面下一跳
ENB_0	101.161.61.135/24	17581	101.161.61.141/24	15781	

用户面信息			操作维护信息		
eNodeB S1 用户面 IP	S－GW S1 用户面 IP	S1 用户面下一跳	本端操作维护地址	对端 M2000 地址	OMCH 下一跳 IP 地址
101.161.61.135/24	101.48.43.148/24		无	无	无

提交成果：

① LTEStar eNodeB 界面（基站安装界面）截图。

② MML 脚本。

五、实验操作步骤

1）双击桌面 LTEStar 模拟器图标，进入基站工程界面，基站加电，读 LMPT 板 ETH 端口的 IP 地址，并记录 IP 地址：192.168.0.200（可能会被修改，可以通过目录 set localip 命令修改），子网掩码：255.255.255.0；

2）打开 IE 浏览器，输入 192.168.0.200，登录 LTEStar 后台 WEB LMT 软件进行数据配置，账号：admin，密码：hwbs@com，输入验证码（见页面提示），单击登录；

3）登录成功后，可见“MML”图标，双击进入 MML 命令行配置页面；

4）按照传输层配置流程和核心网给定的协商数据逐步输入相关命令和参数；

5）将每一步输入生成的 MML 命令复制到 WORD 中，即可制作成数据配置脚本。

六、实验小结

实验三　eNodeB 无线层数据配置

一、实验目的

1. 熟悉 LTE 网络体系架构及接口；
2. 掌握 DBS3900 单站无线层数据配置步骤；
3. 掌握 DBS3900 单站无线层数据配置命令及参数含义；
4. 能根据协商数据表完成 S111 站型无线层数据配置 MML 脚本的制作。

二、实验条件

LTEStar 仿真软件、加密狗、计算机。

三、基本原理

DBS3900 单站无线层数据配置流程及命令如图 B-4 所示。

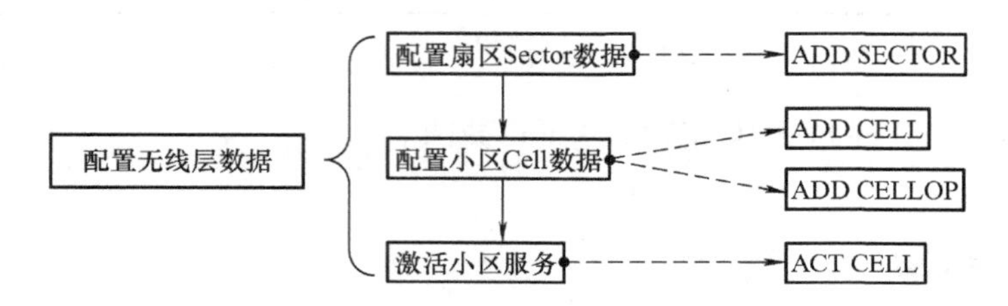

图 B-4　DBS3900 单站无线层数据配置流程及命令

四、实验内容

根据给定协商数据，完成 S111 单站无线层数据配置。S111 单站协商数据如表 B-3 所示。

表 B-3　S111 单站协商数据

参数名称	扇区标识	经度/(°)	纬度/(°)	扇区模式	天线模式	合并模式	RRU 框号	RRU 射频通道	本地小区标识
ENB_0	0/1/2	119.13	33.06	普通 MIMO	2T2R	COMBTYPE_SINGLE_RRU	按现网规范	R0A&R0B	0/1/2

小区名称	扇区标识	频带	下行频点	下行带宽/MHz	上行带宽/MHz
0_CELL_0/0_CELL_1/0_CELL_2	0/1/2	38	37950	10	10

小区标识	物理小区标识	小区半径/m	小区双工模式	上下行子帧配比	特殊子帧配比	根序列索引
10/11/12	10/11/12	1000	CELL_TDD	SA1	SSP7	6/7/8

提交成果：

① LTEStar eNodeB 界面（基站安装界面）截图。

② MML 脚本。

五、实验操作步骤

1）双击桌面 LTEStar 模拟器图标，进入基站工程界面，基站加电，读 LMPT 板 ETH 端口的 IP 地址，并记录 IP 地址：192.168.0.200（可能会被修改，可以通过目录 set localip 命令修改），子网掩码：255.255.255.0；

2）打开 IE 浏览器，输入 192.168.0.200，登录 LTEStar 后台 WEB LMT 软件进行数据配置，账号：admin，密码：hwbs@com，输入验证码（见页面提示），单击登录；

3）登录成功后，可见“MML”图标，双击进入 MML 命令行配置页面；

4）按照无线层配置流程和核心网给定的协商数据逐步输入相关命令和参数；

5）将每一步输入生成的 MML 命令复制到 WORD 中，即可制作成数据配置脚本。

六、实验小结

____

____

____

____

____

____

____

____

实验四　单站常见故障处理

一、实验目的

1. 熟悉 LTE 网络体系架构及接口；
2. 掌握 DBS3900 单站数据配置的总体流程；
3. 能根据协商数据表完成 S111 站型开局配置，实现 UE 正常入网；
4. 熟悉单站常见故障处理方法。

二、实验条件

LTEStar 仿真软件、加密狗、计算机。

三、基本原理

1）熟悉 LTE 故障排查流程和故障处理方法，见表 5-7。

2）熟悉常见故障分析思路，如图 B-5 所示。

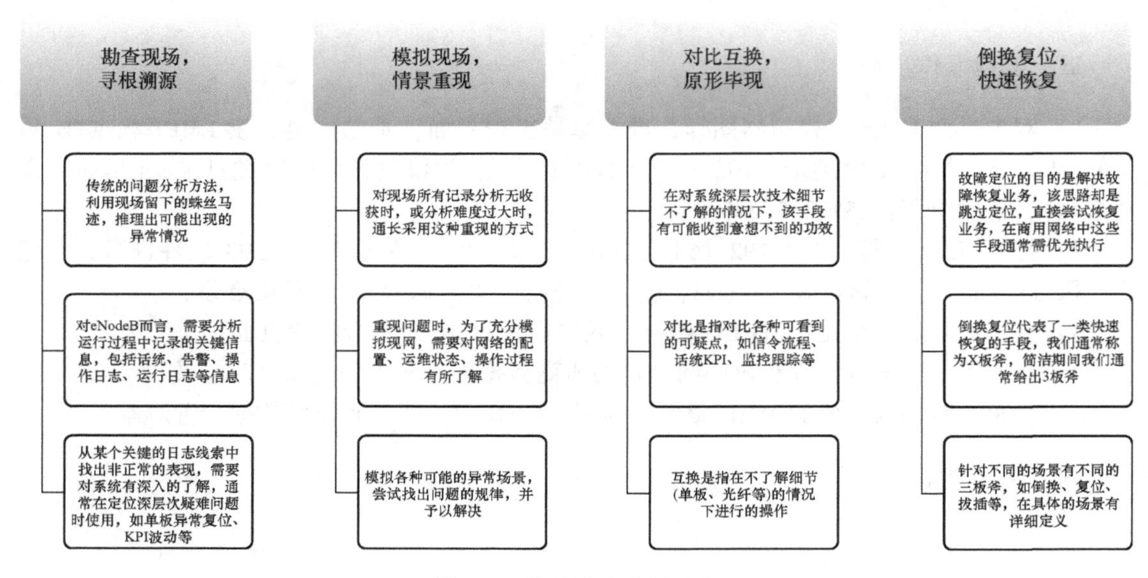

图 B-5　常见故障分析思路

四、实验内容

这里列举四类问题，然后根据仿真软件处理建议进行处理。

1. 配置类问题

- 查询 IPPATH 状态，IPPATH 检测结果为禁用；
- 数据配置问题导致小区服务能力下降；
- 因 RRU 通道数配置错误导致激活小区时上报配置频率超过 RRU 范围；
- 扇区设备编号配置错误导致小区无可用载波资源。

2. 告警类问题

- RRU 组网级数与配置不一致告警；
- 制式间射频单元参数配置冲突告警；
- 小区不可用，原因是频段与 RRU 能力不符；
- 射频单元工作模式与单板能力不匹配告警；
- 重要驻波告警。

3. 传输类问题

- UMPT 传输端口属性与传输设备端口属性不一致导致 OMCH 链自建立失败；
- 基站到网管传输不通；
- 传输光口异常告警，原因是接收功率过高。

4. 时钟类问题

- LTE TDD 系统时钟同步模式错误导致小区无法建议；
- 系统时钟不可用告警、时钟参考源异常告警。

提交成果：

1）LTEStar eNodeB 界面（基站安装界面）截图。

2）LTEStar 告警主界面截图。

3）告警处理建议。

五、实验操作步骤

1）双击桌面 LTEStar 模拟器图标，进入基站工程界面，基站加电，读 LMPT 板 ETH 端口的 IP 地址，并记录 IP 地址：192. 168. 0. 200（可能会被修改，可以通过目录 set localip 命令修改），子网掩码：255. 255. 255. 0；

2）打开 IE 浏览器，输入 192. 168. 0. 200，登录 LTEStar 后台 WEB LMT 软件进行数据配置，账号：admin，密码：hwbs@ com，输入验证码（见页面提示），单击登录；

3）登录成功后，可见“MML”图标，双击进入 MML 命令行配置页面；

4）批处理导入 S111 配置命令和参数；

5）创造条件产生告警，参考告警处理建议解决故障。

六、实验小结

参 考 文 献

[1] 孙宇彤. LTE教程：原理与实现 [M]. 北京：电子工业出版社，2014.
[2] 张新程，周晓津. LTE空中接口技术与性能 [M]. 北京：人民邮电出版社，2009.